筑波常治と食物哲学

田中英男 編著

社会評論社

序にかえて——神保町から神楽坂へ

「食」について考えていくと、やはり何を食べるかが気にかかる。例えば、御茶の水から駿河台を下って神保町、活字の海を越えて九段へ向かうと、ここは食の大河であった。美食家たちが、大声でわめいているのだが、彼等の目あては高名な老舗であって、決してオムライスやハヤシライスではなかった。

活字の海と食の大河では比べものにならない。物書きたちは、言葉をかざって美食を誇っている。いくらたたえても腹の足しにはならない。

冷し中華を日本ではじめて食卓にのせたという店がある、それも一軒ではなく、どの店も日本ではじめてだという。最初に献立表にあげたのは、どの店であるのか判らない。

その右隣には、カツカレーを開発したのはうちの店だという看板を出している。しかし。靖国通りの向こう側も同じ看板をかかげた店がある。そのどちらも、大変美味である。だからどっちだっていいのだと思うのだが。店の側ではそうではないらしい。

我々の目あては、基本的に云えば、安い、旨い、早いの三拍子が揃っているところだ。美食家に云わせば、そんな店はこの世に存在しないと云う。たしかに矛盾しているのだが。これは一種の願望であり、夢なのであるから、そうだと認めていただきたい。

我が師・筑波常治は、この件については発言しない。何故なら、そんなところには本当の食物はないと思っているからだ。

食堂に入って、何が食べたいという前に、そのテーブルをつつむ空気がすでに食事の中身を教えてくれるのである。

ワルター・ベンヤミンが食べたものが口の中からあふり出るくらいに飽食した経験のないものは、食を語るに足らぬと云っている。また、ブリア・サヴァランは、食べすぎてはいけないと云っている。健康を害するからと…。前者は、ミケランジェロを支持しており、後者はダ・ヴィンチの態度である。

わが師は、わき目もふらずに食い、飲み、眠る、つまりわが師は、飢餓体験によって、食の考え方が出来あがったのである。

不肖の弟子は、ブリア・サヴァランに賛成しない。つまり、ミケランジェロに組するのである、何故なら、食物に対する熱意に大きな差異があるからである。

*

二〇一二年四月一三日金曜日、この日はわが師の命日である。

この週の月曜日は九日であった。食事の予約をするので、四月一三日か、四月九日のいずれがよいかと師に伺うと、「どっちでもいいですよ」という返事であった。場所は、神楽坂のうなぎ屋である。日時は、四月九日午後六時に決定。これが師との最後の夕餉となった。献立がうなぎであったことも泣けてくる。

このうなぎ屋は、先生とはじめて会食したところで、桜が散り葉桜となった頃であった。師は　この時三三歳。弟子は二〇歳。献立はやはりうなぎであった。

師は、この時法政大学の教師、たぶん助教授であったろう。弟子は、日本文学科の学生であった。

神保町と神楽坂は、こんな風に特別のものがあった。もちろん、人形町でも銀座でもいいのだが、活字の海と食の大河を渡るようなところがよいと、わが師は云っている。

二〇一七年九月九日

田中英男

序詩　鳥瞰図

古き書物のならぶ店頭で、
どういうわけか、気が逸る
靖国通りから、大鳥居を眺め
その上には、一口坂があって
あの、つくばひさはるが……
西洋の名を持つ果物
それは、ちょうどドヴッシー
九段坂を吹く風のように、
世の中、さかさまだ！
あの、ヒサハル・ツクバが……
五月になれば、なんとかなる
きっと、そうなるとあなたはいった
夢の中で、追っかけまわし、
梟ににらまれて、
緑衣の人が征く
おお、筑波常治が……

（田中英男）

筑波常治と食物哲学＊目次

Ⅲ　まずしい晩餐

I 食物は世界を変える

講演録

1978年当時の筑波常治先生

食物史へのチチェローネ

食物というものが歴史を動かすことがあるんだろうか、とケゲンに思われるかもしれません。歴史を動かすものは、政治であるとか、あるいは経済であるとか、または、いいか悪いかは別として武力である。通常歴史の本をみますとこういうふうに書いてあるわけです。

たしかに、政治、経済、武力といったものは歴史を動かします。が、食物も動かします。要するに歴史というものをつくるのは人間なんですけれども、食物が歴史を動かすというのはどういうことか、といいますと、人間は食物に動かされる。それだけ人間はある意味でイジ汚ないことになります。

人間は、何かある食物を知り、その魅力にとりつかれる、俗な言葉でいったん味をしめますと、その食物からははなれることができなくなります。

一回か二回、おいしいと思ったくらいなら無事ですが、ある程度食べ慣れますと、今度は、食べつづけずにはいられなくなります。

そういう意味で食べ物には、多かれ少なかれ人間を中毒させる、そういう性質があります。

食べてお腹をこわすという意味の中毒ではなくて、一度煙草の味をおぼえてしまうともうやめられなくなる、すわないと落ちつかない、いわゆるニコチン中毒とか酒を飲みつづけたあげく、酒なしではいられなくなり、ひどい場合には、アルコール中毒ということになる。そういう意味の中毒です。

こういう性質をだいたい食べ物はもっている。例えば、ある国とか、ある民族のあいだにある食物が広まり、その食べ物を食べ慣れた人間、つまり味をしめた人間がふえてきますと、当然、その食物からはなれられなくなる。食べつづける為に、次々と手に入れつづける努力をしなければならなくなります。何しろ食べ物はコットウ品みたいに一度手に入れたら、あとはそのまま残るというものではないからです。

そこで食物を手に入れる為にいろんな努力をすることになるわけですが、こういった努力をするうちに、ふだんの生活にその影響があらわれてきます。

つまり、そうした食物を手に入れるにはどうしたらいいか、どうすれば有利であるかを考え、有利にするためには、他の生活様式もそれに合せて変えていかなければならなくなる。

もしもある種の事情によって、食べ慣れたものが手に入らなくなることがおこった場合これは大騒ぎで、なんとかしてその食物を手に入れようと、またひたすら努力することになるわけです。

そうやってひたすら悪戦苦闘する結果として、歴史が変っていくことになるのです。

胡椒とコロンブス

それを具体的な例で説明しましょう。

世界の歴史でもっとも大きな出来事の一つとして、コロンブスがアメリカ大陸を発見したという事実があります。コロンブスが何故アメリカ大陸を発見することになったか。その一番大きな原因はじつは胡椒でした。洋食などにかけて食べるあの胡椒、すいこみますとクシャミが出ますその胡椒です。

胡椒の材料は何であるか、案外知らない方がいるんではないかと思いますが、これはコショウという植物の実なんです。この植物は、つるがながくのびて長いものでは五、六メートルになりますが、これに種がつきます。ちょうど豆状のものですが、これを集めて、ひいて粉にしたのが、いわゆる胡椒です。

コショウという植物は、もともとはインド地方にあったわけです。

これが現在話題になってます中東、昔の言葉でいいますとアラビアに伝わりまして、そのアラビアの商人たちが、はるばるとヨーロッパへ運ぶようになったのです。

ヨーロッパ人はそこではじめて胡椒を知ったわけです。現在胡椒は専ら、洋食に使います。刺身や、てんぷらには使いません。だからあれは元来西洋にあったものにちがいないと考える人が多いのですが、まちがいで、本来はアジア原産調味料にほかなりません。

それまでヨーロッパは、洋食を胡椒なしで食べてたわけです。恐ろしく気の抜けた味だったでしょう。どんな偉い王様でも、今からみれば大変水っぽいものを食べていたことになります。ところが、そこへ胡椒が入ってきました。それをわずかつけただけで、文字どおり食べ物の味がピリッとひきたちました。

さあ、王様たちはよろこんでしまい胡椒なしではいられなくなりました。つまり胡椒に中毒しだしたのです。

ところが、アラビアの商人たちはそこを見込んで、べらぼうな高い値段をつけました。

こうしてヨーロッパの金銀がどんどん流出しはじめました。しかし胡椒なしではいられません。そのうち王様たちにも東洋の情報がはいり、だんだん事情がわかってきました。インドに沢山ある胡椒が、アラビア人の中間搾取のおかげで高くなるのだとわかりました。

そこで、王様たちは、中間のアラビア商人を排除して、ヨーロッパとインドで直接取り引きをするならば安く胡椒が手に入るではないかと考えたわけです。

そこで最初は軍勢をだしました。表むきはキリスト教の教えを広めるという名目で、歴史に名だかい十字軍をおこしました。勿論キリスト教を広めようという目的もあったのですが、もう一つの大きなねらいとしては、途中にがんばっているアラビア人を追い出し、ヨーロッパとインドを結ぶ陸の交易路を確保しようとしました。最大の理由は胡椒が欲しかったからです。

だが結果は、ご存知のように失敗におわりました。

それでもやっぱり胡椒は欲しい。おりしも一方では大きな船がつくられるようになり、又アラビア商人のもたらした知識などから地図が作られはじめ、どうやら海づたいにインドへ行けるのではないかと考えられてきました。

しかしそうはいっても、地図そのものがいかにもあやふやですし、嵐にあうかもしれず、海賊《ぞく》にあうかもしれず、とにかく危険がいっぱいです。いざとなると誰れも行こうとしません。

すでに安定した生活をしている者は、わざわざそんな危険をおかそうとは思いません。王様たちは命がけの冒険を引きうける勇気ある者を求めました。それに応じてきたのがどういう連中かというと、然るべき地位を得ていない欲求不満の連中です。どうせなら何かでっかい事をやってみたいと、良くいえば大志ある、悪くいえばバクチ根性のかたまりのような山師的な人間です。

王様は資金をだし、つまりパトロンになるわけです。

コロンブスにしても、大航海にのりだすまで、どこで何をやっていたのか、前半生というのはさっぱりわかっていません。まともな地位にはいなかったのでしょう。

そのコロンブスに、スペインのイザベラ女王がパトロンになりまして、探検隊を組織しようとしました。目的は、インドとヨーロッパを結ぶ航路を確定的なものにして、インドに沢山ある胡椒をヨーロッパに運んでくることで、契約が成立したのです。

ところが乗組員がなかなか集まりません。そこでイザベラ女王は犯罪をおかしたにげている指名手配中の者がコロンブスの探検隊に参加するということで名のりでて来た場合には、全部無罪にしてやるということにしたところ、ゾロゾロでてきてやっと探検隊が成立したということです。

こういう連中の隊長になるには普通の人間ではつとまらない。いわゆる善良なる市民ではとうていできないことです。

ともかくインドをめざしたコロンブスは、途中でとんでもない陸地にぶつかってしまう。これがアメリカ大陸であったわけです。

現在から見ますと、アメリカ大陸の発見は大手柄ですが、当時のコロンブスにしてみると大失敗でした。何故ならばコロンブスがイザベラ女王と約束したのはあくまでもインドへ行く航路を発見し、胡椒を安く、大量に持ってくるということでした。

このままではコロンブスは、イザベラ女王に会わす顔がありません。そこで自分はたしかにインドに通じるアジア大陸の一部にたどりついたと報告しました。

そのうち、最初は信じていたイザベラ女王も、だんだんおかしいと思うようになります。約束した筈の胡椒がいっこうに来ないのですから当然です。

とうとう、コロンブスはけしからん奴だ、大うそつきだ、ということになりまして、彼は非難ごうごうのうちに悲惨な晩年を送ります。

今から見れば、アメリカ大陸の発見は世界の歴史をかえる大きな出来事になったわけですけれども。

それにしてもこういう命がけの行動が何でおこったかというと、くりかえしますが胡椒の魅力によります。

胡椒の魅力にとりつかれた人間が何としても手に入れつづけたいと願って、その結果、歴史をかえることになった、その典型的な例としてあげていいと思います。

紅茶とアメリカ独立戦争

二つ目の例をあげましょう。

最初、イギリスの植民地だったアメリカが、今でいえば、武力闘争をもつて反旗をひるがえし独立をかちとったことはよく知られています。あの独立戦争が何でおこったのか、いろいろな原因がありますが、直接には紅茶が関係しています。

紅茶の魅力にとりつかれたアメリカの人々が、イギリスのアメリカに対する圧迫の一環として紅茶をのめなくなった、その怒りが爆発したのです。

お茶ももとは東洋のものでした。

チャという葉を加工して、いわゆる茶という飲みものが出来ます。これを発明したのは中国人です。

日本には奈良時代に伝わりましたが、その後絶えてしまい、源平合戦の頃、再び中国から入ってきました。それがそのままつづいて現在に至っております。飲み方は時代によっていろいろ変わりましたが、その話は省略します。

ですから茶に関しては東洋の方が先輩で、ずっと後にヨーロッパへ伝わりました。そしてやがて東洋にはなかった新しいのみ方が発明されました。これが紅茶です。

日本のお茶ののみ方も時代によって変ってきたと申しましたが、一つ共通していることは、お茶の葉と水、これを熱くしてお湯にするわけですが、それだけを材料にしてのみものをつくっています。そんな事はあたりまえではないか、と思われるかもしれませんが、紅茶ののみ方はちがっています。紅茶は必ずそのほかに何等かの添加物が入って、はじめて出来上がります。砂糖とか蜂蜜とか、ジャムとか、さらにレモン、ミルクこういったものを加えます。場合によっては酒の類を入れます。日本茶にはこういうのみ方は本来ありません。

一つの大きな理由は、ヨーロッパは自然の水の性質が日本とちがっていることだと思います。水は化学的にいいますと、全部H_2Oです。しかし現実に流れている水は土の中の鉱物だとかいろんなものがとけこんでいて、当然、土地によって水の味が変わってきます。昔から日本の水は非常においしいといわれています。水を口に含んだ時、口の中に快感を与えるような性質の水ということです。これに対して、ヨーロッパはおいしい水が皆無というわけではありませんが、概してまずいのです。

まずい水に合わせるために、いろいろな人工的な味つけをしてできたのが紅茶だといっていいと思います。

そこで紅茶は広まりまして、特に好きになったのがイギリス人とオランダ人でした。

そこで、東洋の植民地でさかんに紅茶をつくります。イギリスはインドとか、セイロン、現在のスリランカなど、オランダはインドネシア、つまりジャワ、スマトラなどで大量生産しました。

そうしてやがて、イギリスの植民地であるアメリカでも、さかんに紅茶がのまれるようになりました。

イギリス本国は、植民地のインドやセイロンでつくった紅茶を、アメリカへ運んでいたわけです。

ところが十八世紀半ば頃になり、イギリスと植民地でのアメリカの間になにかと対立がおこるようになりました。

アメリカが力をつけてきて、独立の気運がでてきたのに対し、イギリス本国はこれを圧さえようとして、そのしめつけの一環にアメリカへ運んでいたお茶に対して、非常に高い税金をかけようとしました。

一七七三年のことですが、茶条令というのを本国の国会で可決してアメリカに押しつけました。

ところがアメリカ側は、猛反対して、茶条令をうけいれません。そこでイギリスは、アメリカへのお茶の輸送を止め、いわばアメリカ人に「茶断ち」を強制しました。

おりしもイギリス船がお茶を満載して、アメリカのボストン港に停泊していました。そのお茶の荷あげは禁止されました。茶条令を認めないかぎり、アメリカ人にお茶をのませてやらないぞというおどしです。そうすればアメリカもお茶のみたさに、手をあげるだろうと、イギリス側は考えたのでした。

ところがその結果、一七七三年十二月にボストン・ティーパーティーと呼ばれる事件がおこりました。ボストン茶船事件、あるいは茶箱事件などともいわれますが、アメリカ人の一団が、インディアンの物売りに変装して、小舟にのり、ボストン港に停泊しているイギリスの茶船にこぎよせ、これを襲撃した事件です。今でいうゲリラですが、お茶の箱を片っ端から海の中に放り込んでしまったのです。勿論イギリスは激怒し暴徒を取り締まるという名目で、軍隊を上陸させました。

ところがこれが逆効果で、火に油をそそぐことになり、アメリカ側でも軍隊を組織して、抵抗するという事態に発展しました。これが独立戦争です。そしてご存知のとおり、独立をかちとったのでした。

まさにこのいきさつは、一度なれた食物から離れることが、如何にきついかということを示していると思います。

その苦しみが逆にバネとなって、命がけの抵抗運動が高まったのです。独立運動にさいし、アメリカではアメリカを愛する愛国者は決して茶をのむな！　というスローガンを掲げ、専らコーヒーをのむことにしたといわれます。

強制された紅茶断ちが、自発的な紅茶断ちに転じて独立戦争になったということです。

サツマイモと大岡越前守

さらに歴史を変えた食物というとサツマイモとジャガイモをあげないわけにゆきません。

サツマイモもジャガイモも、原産地はどちらもアメリカ大陸で、原住民によって畑でつくられるようになり、コロンブス以後ヨーロッパへ伝わりました。

その後ヨーロッパ人の東洋進出にともなってアジアの各地に伝わり、日本までできたのでした。日本に伝わったのは江戸時代のはじめ、徳川幕府が鎖国する前のことです。

このうちヨーロッパはジャガイモが主に広まり、サツマイモのほうは中国や日本、要するに東洋にきてから人気を得てきました。

原因の一つは、自然環境のちがいです。サツマイモはアメリカ大陸でも比較的温暖な土地で育ち、ジャガイモは寒冷な土地に適しています。

日本とヨーロッパを比べますと平均して、ヨーロッパは日本より寒いのです。南欧といわれるローマにしても、北海道の函館のあたりとほぼ同緯度です。

だからジャガイモのような寒冷地向きの作物がよくできました。またヨーロッパは昔から、これも自然環境のしからしむるところなんですけれども、畜産物を多く食べてきました。肉や脂肪や乳などを、日常の食生活にとりこんでいます。これとジャガイモはひじょうに味があいます。一緒に料理すると美味しくなるのです。そのかわりいもだけ焼いたりゆでたりして食べたらジャガイモはだめで、サツマイモの方が甘味があって食べられます。

民政に熱心な支配者は、サツマイモの場合もジャガイモの場合も、広める為に熱心に努力しています。

飢謹や戦乱によって食糧が不足し、社会不安の原因になります。これをなくして、一般の生活を安定させるための対策の一つとして、これらの作物が注目されたわけです。普及につとめた恩人として、名前が残っている例が、中国や日本ではサツマイモに圧倒的に多く、ヨーロッパではジャガイモに目だちます。

意外に思われるかもしれませんが一人あげますと大岡越前守、サツマイモを広めた大きな功労者です。おそらく皆さんご存知のとおり、本職は町奉行今でいう裁判官で、数々の名裁判をやったとして有名です。しかしたしかに名裁判官であったのは事実のようですが、これまで大岡裁きなどといって伝えられている話は、だいたい小説にすぎません。しかしサツマイモの功績は史実です。

サツマイモはまず西日本に広まりました。これが飢饉の年にもよく出来て民衆の苦しみを救うという風聞が広まり、大岡越前守も関心をもちました。

だが彼自身は植物について素人です評判だけでとびついて失敗だった場合は、奉行の面目が丸つぶれになってしまいます。ですから慎重にならざるをえません。こういう時に、絶好の人物が見つかりました。

現在の日本橋三越の東隣に裏長屋がありまして、貧しい寺子屋の先生がいたのですが、その人物がなかなか学問があり、人格も立派でしかも若いとき京都に遊学して西日本に広まりつつあったサツマイモのことを知っているというのです。奉行さまといえば警察の元締めみたいなものですから、配下の与力、この下にご用聞き、これらが町でいろいろ聞きこみをやっていてここのところから情報が入ったわけです。その寺子屋の先生の名前は青木文蔵、のちの青木昆陽でした。

いろいろいきさつがありましたが、青木文蔵なるものを抜てきして、サツマイモを作らせてみようということになり、大岡越前守の胆入りで試作がおこなわれました。

青木昆陽がいわば現場責任者になってやったところ、これが大成功をおさめました。大岡越前守は大よろこびです。その越前守をひきたててくれたのが、ときの八代将軍吉宗にほかなりません。吉宗も熱心になり、幕府が率先して江戸の近辺にサツマイモを広めだしました。そうなると他の藩も見習うことになります。青木昆陽は「甘藷先生」とニックネームを付けられ、この昆陽をまつりました小さな祠が、千葉の幕張にあり「いも神様」と呼ばれております。

ジャガイモとフリードリヒ大王

これに似た話が、ヨーロッパではジャガイモをめぐってあります。

最大のジャガイモの功労者は、ドイツのフリードリヒ大王、十八世紀の有名な王様です。当時のドイツは戦争が多くて畑でもなんでも軍隊が踏み荒らしてしまいます。地上に葉や茎がのびて、それに実がなるような作物は、ことごとく食べられなくなってしまいます。

ところが、ジャガイモは土の中にできます。地上を軍隊が踏みつぶしていっても、土中のイモは何とか残り、あとから掘りだすことができます。フリードリヒ大王はこれに目をつけました。そこで大いに広めようとしますが、新しい作物は気味悪がられました。しかも事実、ジャガイモの一部には毒がふくまれています。

イモをながくおいておくと表面から芽がでてきますが、その幼芽にソラニンという物質がふくまれ、これが人体に有害なのです。はじめのうちは、判りませんからこの幼芽の部分を一緒に食べて、当たった人もいたわけでしょう。王様は自分でイモなど食ったことがないからわからないんだと、かえって反発されました。

それでフリードリヒ大王は、とうとう宮殿の庭にテーブルを持ちだし、そこに大きなナベでふかしたジャガイモを山積みにして、皆んなの見ている前で自分で食べてみせました。

つまりみずから毒味役をかってでたわけです。さらに地方を巡幸しては、同じことをやりました。

王様自身の人体実験、ジャガイモは食べられるのだと人々は知り、その後ドイツ人はジャガイモをよく食べるようになりました。

現在でもドイツ料理にはジャガイモが非常に多く使われています。ドイツでは主食に近い食べ方をしています。

フリードリヒ大王は、ドイツの食生活を安定させたということで、偉大な人物だと尊敬されました。

ジャガイモと第一次世界大戦

同じ時代に、ジャガイモに興味をもった、全く対照的なもう一人の王様がいました。

フランスのルイ十六世です。お妃が有名なマリー・アントワネットで、ともにフランス革命で処刑されました。

当時、フランスにパルマンシェという政治家がいてジャガイモはよい作物であるからと、ルイ十六世にすすめました。この献策によって、ジャガイモの試作がおこなわれました。

ジャガイモに白い花が咲きます。日本ではあまり知られていませんが。

ところがその花を見て、ルイ十六世はイモよりも花がえらく気にいってしまいました。以来やたらに宮殿の庭にジャガイモを植えて、花を咲かせることに熱中しだしました。

その花を上衣のボタン穴にさしてかざったり、妃のマリー・アントワネットの頭にかざらせたりして、ごきげんになっていました。

せっかくパルマンシェが民衆の生活を安定させるため献策したにも拘らず、王様にとって民衆のことはそっちのけでした。

そのあげくご存知のとおり、革命がおこって、夫妻もろとも殺されてしまいました。もしも、ルイ十六世がもう少し民衆のことを考えてジャガイモを広め、花よりもイモに価値があることに注目し、一般の民衆の生活安定に関心を向けていたら革命で殺される運命にはならなかったかもしれないといわれます。

つまり、ジャガイモに対する二人の王様の態度のちがいが運命を分け、ある意味でこの二つの国の歴史を変えたことになります。

だがドイツの場合も、フリードリヒ大王の子孫は、これもジャガイモをめぐって大失敗をやらかしました。

二〇世紀のはじめのドイツの皇帝ウィルヘルム二世、通常カイゼルと呼ばれている人物です。

立派なヒゲをはやして、そういうヒゲをカイゼルヒゲなどというようになったのは、このウィルヘルム二世からはじまっているそうです。

この皇帝によって、ドイツはヨーロッパ全土を相手に、あげくのはては、アメリカや日本までも巻きこんで、第一次世界大戦をひきおこしたわけです。そしてものの見ごとに敗けて、ドイツの王室はつぶれてしまいました。

なぜウィルヘルム二世が、全世界を敵にまわすような無謀な戦争にふみこんだかというと、勿論勝てると思ったからです。そう思いこんだ原因は、もちろん軍事力の強化もありましたが、一つはジャガイモの増産への自信でした。

それによってドイツは食料を外国にたよらず、完全自給ができると、ウィルヘルム二世ととりまきたちは判断したわけです。

ところが、戦争は予想外にながびきました。ウィルヘルム二世は軍事力を過信しすぎていたのです。それでもウィルヘルム二世はまだ楽観的で、特に食料には相変わらず自信を持っていました。

当時ドイツの民衆は、食生活の中心をジャガイモとブタにおいていました。ブタの肉と脂、つまりラードです。

その二本立てで、日常の食生活がいとなまれていました。それらのブタもまたジャガイモを餌にしていました。

ウィルヘルム二世は、ブタを全部殺して、ブタのたべていたジャガイモを人間の食糧にまわせばよいと考えました。それを実行したところ、やがてブタの肉も脂もなくなってしまいました、ドイツ人は文字どおりジャガイモだけの食生活になってしまいました。

はじめにいいましたとおり、ジャガイモはそれだけたべたんでは、決しておいしいものではありません。たまにはいいでしょうが、朝、昼、晩三度三度、ふかすか、ゆでるかしたジャガイモだけを味つけなしに食べたらどういうことになりますか。これはうんざりしてきます。つまり食傷をおこします。見るだけでイヤになるわけです。

こうしてジャガイモは、あっても食べられず、ドイツ国民に栄養失調がひろがりました。一方、戦争はさらに長期化し、軍馬を多く育てるためにまたジャガイモを食べさせなければならなくなりました。こうなると、食傷をこらえても、人間の食べものがまた足りなくなります。

こうしてとうとうふんだりけったりのありさまで、ドイツは戦争に敗けました。味や栄養を無視して、外見的は量だけみて、ジャガイモを過大評価しすぎた失敗でした。フリードリヒ大王はともかく、子孫は世間しらずになって、家政上の問題がさっぱり判らなくなったということでしょう。ある意味でジャガイモにより第一次世界大戦ははじまり、同じジャガイモによってドイツは負けたという見方もできると思います。

雑種について——ハイブリット・ライス考

もともと私は日本の農学史が専門なのですが、それをやって行くと、今の科学の世界で当然至極の常識とされていることが、何だかあやしくなってくるわけです。農業という応用分野から逆に見ることで、今の科学のあいまいさが浮かびます。

例えば野性の植物や動物を人間の先祖が作りかえて、作物や家畜を作ったということになっています。ところが生物学の知識を総動員しても、野性植物がどうやって作物に変わったかという本当のところは分からないのです。

いろいろな説がありますけれど、どれも一長一短どころか、一長数短あって説明のつかない部分がいくらでもでてきます。実験室の中では説明がついても、同じことが自然屋外でどうやってできたかとなると、説明のつかなくなることがいろいろあるわけです。

今の科学、実験室の中で一つの仕事をする場合、現代の最新式の技術や器具を使うわけですが、作物の成立は紀元前数千年の昔のことというのが定説です。当時、今の様な技術も道具もなかったはずで、それでどうやって同じものが作れたのか、とても説明がつかなくなります。

人間自身がやったはずの、しかも生物の歴史全体から見たら、極く極く最近のできごとすら説明がつかないのに、それに先立つ進化の歴史などというのが簡単にわかるはずがなく、だから私は今の進化論などはそういう意味でほとんど御伽話にすぎないと考えざるを得ません。

18世紀から19世紀、そして20世紀の初め頃までヨーロッパは、おそろしく人間の理性というものを過大評価した時代でした。その理性を存分に働かせば、何でも分かるんだという時代の一種の思い上がりの産物が、進化論だったと思われてなりません。悠久の大昔のことまで掌を指すごとく理性の働きまでみんな分かってしまうという立場で、あれが出て来たのです。

そして今になってみると、当時の進化論の証拠とされたことが次々崩れて行っています。もちろん、だからといって、中世の創造説にもどれとは言いません。むしろ今の科学でも分からないんだと、不可知論を復活するべきではないでしょうか。

ところで、生物の変化とからませて、最近話題のハイブリッド・ライスの問題を話しましょう。

近頃盛んに話題になるけれど、ハイブリッド・ライスの正体は意外に知られていないのではないでしょうか。

まずハイブリッドというのは何なのかということです。

今ここに、収穫量が多いけれども、質が悪いという米があったとします。それから一方に、

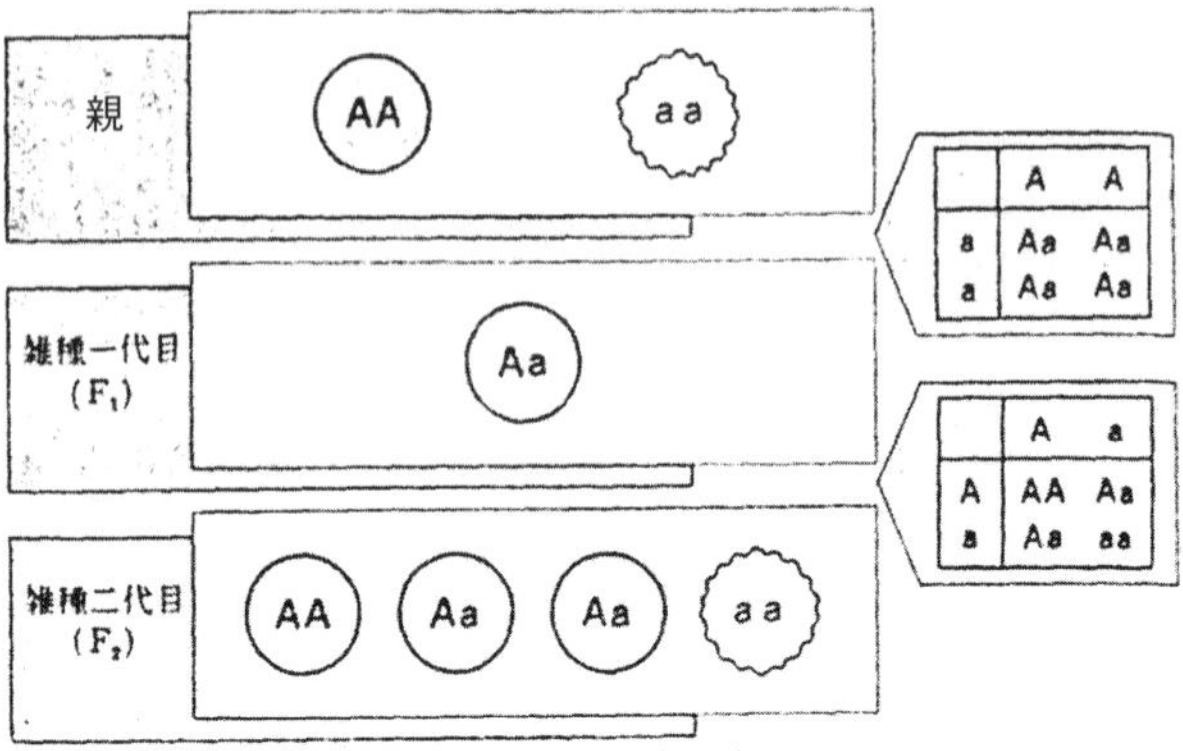

A…種子を丸くする遺伝子（優性）
a…種子にしわを生じさせる遺伝子（劣勢）
メンデルの法則

非常に質はいいけれど、収穫量が少ない米があったとします。それぞれ一長一短があるわけです。人間が願うところは、両方の長所をひとつに兼ね合わせたものということですが、それを作るのが品種改良です。

一番普通のやり方は、掛け合わせることで、一方の雌しべにもう一方の花粉をかけて、雑種を作ります。そうすると、いわゆるメンデルの法則で、雑種の第一代目は、科学の用語でF1といいますが、両親の形質のどちらか一方だけが揃って出てきます。揃って質は良く収量も多いとか、あべこべの質量ともにだめだとか、いろいろな組み合わせがあり得ますが、とにかく一つの形質について だけ見れば両親の一方にそっくりなわけです。

このF1からたねを採って、次の代を育てたものを、F2と呼びます。このF2はF1とちがって、じつにいろいろな個体が乱出してきます。

人間から見て、もとの品種の長所だけ揃えたのもあれば、短所だけが揃ったものもあり、そのほかいろいろな割合のものが出てきます。そこで人間は、もとの品種の長所だけ出来るだけ多くの兼備した個体だけ残し、これから種を採って、その他は捨てます。

このたねを蒔くと、三代目でＦ３からもいろいろなのが出てくるわけです。そこでまたもその中から、人間にとって望ましい個体だけ選び残し、それからだけたねを採る作業をくり返します。

こういうことを何代も何代も繰り返していると、相変わらずいろいろなのが出てくるけれども、望ましい長所ばかりの個体の数の割合が段々増えて来るのです。そしてＦ10くらいまで来ると、望ましい形質のものだけに固定して、初めて新品種ができたということになるわけです。それまでにだいたい十年かかっています。

こうして育成された新品種が農家にいきます。農家が気にいれば、今度は自分のところで種を採れば、同じのができます。つまり、遺伝的にも安定したわけで、これを固定品種と言います。

ところが、たまたま雑種の第一代目に、人間からみて望ましいすべての形質が揃う場合もあるわけです。それからまた種を採るとまたバラバラになりますが、雑種第一代についてだけいえば、長所が揃ってあらわれています。だとしたら、利用する立場から言うと、何も固定させずとも、Ｆ１のたねを増やして栽培すればいい、ということになるでしょう。

ただ、これからたねを採ると、いろんな形質が乱立し、実用的に役だちません。毎年この掛け合わせをやって、それから採った一代目の種を使わなければなりません。このＦ１をハイブリッドと呼んでいるのです。

最近にわかにハイブリッドという英語の言葉がはやりだしていますが、じつは日本でも戦前から利用されていたのです。当時は一代雑種と言いました。雑種第一代とか、初代雑種とか言ったのです。

そして主にナスとか、カボチャとか、トマトとか、果菜類で利用されました。それは一方の雌しべに、一方の花粉を掛けるわけですが、非常に手間がかかります。だから一つの花の掛け合わせで、たねのたくさん採れるものでないと実用化できなかったわけです。

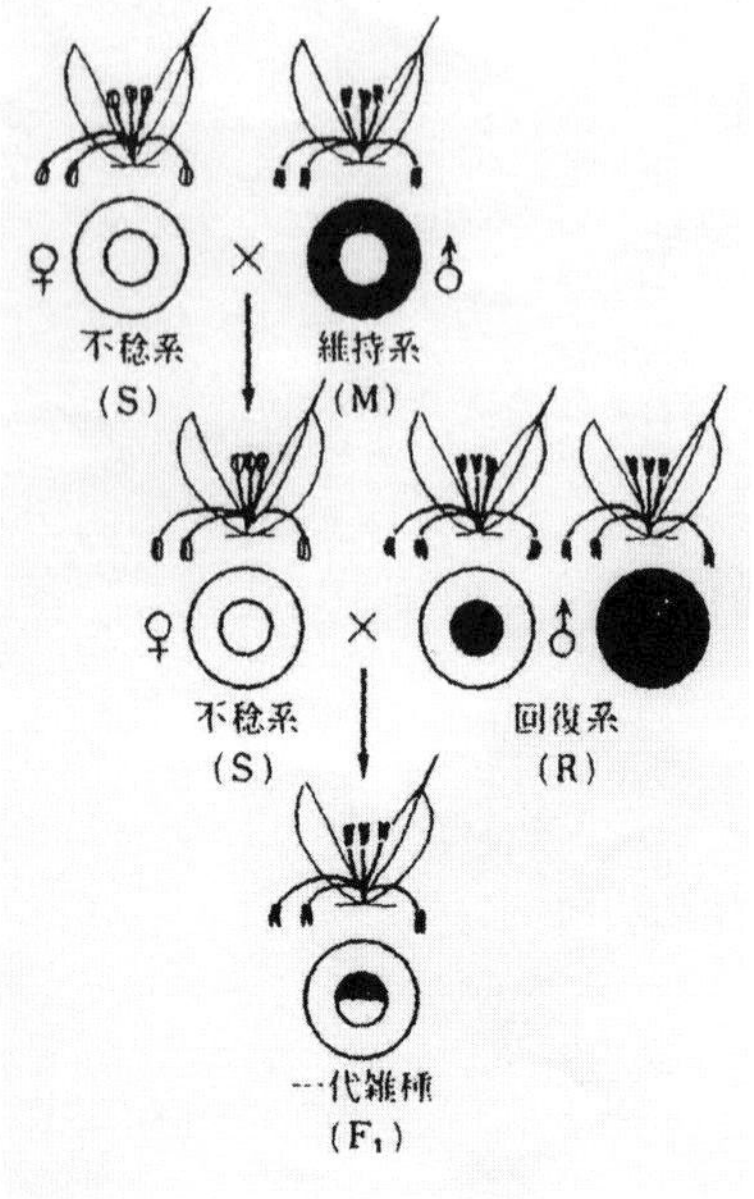

とくにカボチャやウリの類は、花が大きい上に、雌花と雄花が別々ですから、非常に楽なのです。種苗業者にとって、一代雑種は商売上有利でした。なぜなら一代かぎりで農家では次代の種が採れま

せん。したがって毎年、その組合わせを開発した種苗商から、種を買わなければならないのです。

種苗会社から見ると、どういう組合わせで有利な一代雑種ができるかを、熱心に研究しています。同時にそれは企業秘密なのです。

トウモロコシも初代雑種を利用しやすい作物です。それは同じ個体で雌しべと雄しべが別々であり、他の個体の花粉が風で運ばれて受精し、たねが出来るという性質だからです。

だから二つの品種を並べて栽培し、片方の雄しべを前もって切除しておけば、もう片方の花粉が飛んできて、出来たたねはすべて一代雑種になっているというわけです。アメリカではトウモロコシが非常に重要な作物ですが、この非常にすぐれた一代雑種の開発に成功して、日本を含む世界のトウモロコシのたねを、ほとんど一手にまかなうにいたりました。これと同じことを、稲について実現したものが、すなわちハイブリッド・ライスです。

従来、稲とか麦についてては、一代雑種の実用化はできないというのが常識でした。

なぜかというと、稲は一つの花の中に、雌しべと雄しべがあり、それでちゃんと受精してしまうからです。雑種を作るには、まず、雄しべを除去しなければならず、その上で他の雄しべを持って来て受粉しても、一個のたねしかできません。つまり手間ばかりかかって、Ｆ１のたねは少数しか得られないわけで、経済的に引きあわないからです。一回の掛け合わせで、Ｆ１のたねがつぼり得られるウリ類やトウモロコシと大ちがいなのです。

ところが、その稲について、アメリカでＦ１が開発され、ハイブリッド・ライスということで問題になりだしました。

なぜ出来たのかというと、稲と似ている、つまり親戚にあたる野生植物があって、これらを野生稲というのですが、その中に花粉の出来ない系統のあることがわかりました。

つまり人間でいいますと、男の方が性的不能ということで、こういうのを雄性不稔というのです。当然、種ができませんから、普通だったら絶滅している筈です。ところが、絶滅しないで残っています。それは別の方法で子孫を残して増えてきたからです。

イモ類に例をとるとわかりよいでしょう。

ジャガイモやサツマイモは種イモで増えて、普通の種では増えません。花が咲くことは珍しく、咲いてもたねのできないことが多いのです。

イモはたねではなく、体の一部です。つまり体の一部がもとで、新しい個体が培えて行きます。こういうのを栄養繁殖といって、つまり、生殖器官を通さない繁殖です。栽培する稲がこれでは、たねすなわち米ができないわけですから、どうしようもありません。

しかし、利用されない野生稲の中に、この栄養繁殖で植物体が増え、沼地などに育っている種類があったわけです。

そこで、この野生の植物を一方の親にしてその雌しべに普通の食べられる米の花粉を掛け合わせる研究がおこなわれました。

そうするとたねができました。このたねを播いて育ててみたら、母親の野生種の性質を受け継いでいて、雄しべだけはできるけれども花粉はできません。

ところが、今度はこの雑種の雌しべに、また普通の米の花粉を掛け合わせてみると、普通の米の品種によっては、今度はちゃんとたねのできることがわかりました。しかもそのたねのでき具合が、非常に収穫量が多く、味は栽培種の性質を受け継いでいて、結構普通に食べられる米になっていたのです。これがハイブリッド・ライスと呼ばれるものです。

母親の方の雄しべは花粉がありませんからわざわざピンセットで除去してやる必要がありません。花粉を掛ける作業だけで、つまり半分の手間ですむことになります。一方、この種を蒔くと、次の代はいろいろな性質が分裂して、実用化できません。

ハイブリッド・ライスを栽培しようと思えば、一代ごとに掛け合わせたたねを使う以外にないわけで、相当広いところへ雄しべのできない野生の稲の系統を引くF1を作っておき、これにさらに栽培種の特定の品種の花粉を掛ける作業を大々的にやらなければならず、とても個々の農家の手にはおえません。結局、かなり大経営の専門の種苗会社にゆだねて、そこからたねを買う以外にないでしょう。

ハイブリッド・ライスとはそういうもので、アメリカが開発したということです。

実は野生稲の中に、花粉の実らない系統があるのを最初に発見したのは日本人なのです。沖縄の琉球大学の先生だったのですが、当時日本では注目されませんでした。なぜならば、こういうものが実用化される可能性を、日本では全く考えなかったためです。日本の品種改良の歴史をみると、選抜に次ぐ選抜を続けて、遥かに野生のものとはかけ離れた、手工芸品みたいに人工的な品種を作り上げてきました。

この点に関する限り、日本の品種改良の進み方はまったく見事で、世界でも群をぬき、芸術品みたいな優良品種が作り出されてきています。

と同時に、野生のものがただちに実用化されるということは、日本人の品種改良の概念から失われてしまっていました。

沖縄の学者の発見に注目したのは、むしろ中国でした。花粉の実らない系統を手に入れ、人手が多いので人海戦術のようなやり方で、多数の掛け合わせをやったということです。その結果、ハイブリッド・ライスが実用化への道を開いたようです。

これをアメリカが知って、どういうルートでか謎めいているのですが、アメリカにおいて実用化したというのが、現在の情勢というわけです。

これを今度は、種として日本に売り込みに来ました。それが「謎の米」などといわれて、NHKテレビで先日放映され非常な反響をよんだという次第です。しかし、日本の関係者は、味の点でハイブリッド・ライスは劣っているといい、したがって目下のところ、競争相手として

ハイブリッド・ライスのカタログデータ

品種名	タイプ	ha当たり播種量	スターボンネットと比較した増収率	草　丈
RAX-1	インディカ	28kg	81％	110cm
RAX-2	インディカ	28kg	92％	100cm
RAX-3	インディカ	28kg	102％	110cm
RAX-4	インディカ	28kg	142％	112cm
RAX-5	インディカ	28kg	データなし	110cm
RAX-9	ジャポニカ	33～35kg	データなし	100cm
RAX-10	ジャポニカ	35～35kg	データなし	100cm

注）ジャポニカとは日本で生産され消費されているタイプのコメであり、インディカとは粒の細長い、いわゆる外米のことである。世界的にはインディカ・タイプのコメの方が圧倒的に生産量が多い。

大したことはないと、楽観しているようです。もちろん、日本でも実験段階の研究は盛んにおこなわれているということです。

それにしても、野生植物をいきなり実用化しようという発想は、いかにもアメリカ的であり中国的であって、日本的ではなかったことを指摘できます。

見方によっては、アメリカや中国での品種改良というのは、ずいぶん荒っぽいものです。

それにアメリカはもともと雑種文化の国でしょう、酒でいえばカクテルの盛んなところですよ。

一方、品種改良に関する限り、日本は江戸時代からすごく進んでいて、要するに品種とは人工的にみがきぬかれたものだという概念がゆきわたっていました。

ハイブリッド・ライスは、そういう常識のすきをつかれたというふうにも言えるのではないでしょうか。（本文中に使用した図および表は「謎のコメが日本を狙う」―日本放送出版協会刊―によるもの。）

味の科学と文化

㈠

この講座の講師をお引き受けしたのが、つい三年くらい前のつもりでいたら、いま宮内さんにうかがいましたところ、もう六年前だそうで、この講座六年経ってると、もうそんなに経ったのかと思っております。

で、この前の時には「歴史を変えた食物」という題で、人間というのは何といいますか非常に、ある意味では意地汚い存在、何か美味しい物が食べたい。一度味しめちゃうと、何としてもそれを食べ続けたい、手に入れたいといろいろあくせくして、結果的にそれが歴史をつくっていくというそんな話をしたわけです。

今日もまた食べ物にちょっと関係する話をしようと思いまして、今度は、少しばかり身近なところに話題を引き寄せまして、この味の問題を取り上げてみようと、こういうわけです。

実は味の話。誰だって普段の生活の中でこの味と関係を極めて密接な関係を持ちながら皆さんも暮らしてるはずなんです。しかし改めて味とは何ぞやと、考えてみたことは、ないんじゃないかと思います。味とは味であると。ま、普段の暮らしは、それで、済むわけですけどね。

改めて考えてみると、味からもまた、いろんな問題が出てくる。で実は、今日の狙いは、味をひとつの例にとって、普段、なにげなく、もうあたり前のこととしてそれ以上考えようとしない、こと改めて問題にしてみると、実にそこから、いろんなことが、いろんな話題が出てくるもんだなあ、それをまあ理解していただきたい。それが実は狙いなんです。で味をひとつの例として取り上げてみました。

まずね、味ってえのはいったいどこにあるかというと。決まってるじゃないか、これは食べ物にあるんだと、思うかしれないけど実は違うんですよね。味ってのは食べ物にはないんです。じゃどこにあるのかといいますとこれは人間の口の中にあるんです。味というのはたとえばですね、ここに羊羹があるといたしますね。羊羹を見てね、これ皆さん甘いのだと思います。しかし実際には甘いかどうかね。これは、口の中に入れてみて初めて甘いんだという味がでてくるわけです。羊羹は甘いんだというのは過去に口の中に入れてみて羊羹が甘かった、だから羊羹とは甘いものなんだという、ひとつの記憶ですよね。何かというと、つまり人間に味というものを感じさせる材料があるだけなんです。食べ物は、口の中に入って初めて味になるわけです。

この味を含めまして人間の体にはですね、どんなことが起こっているかという難しい言い方しますと、それを認識するですね。そういう仕掛けが、人間の体には、先天的にありましてこれを何と言うかと申しますと専門の言葉で感覚と呼びます。

そして実は、この感覚に昔から五種類ある、こう言われてきたわけです。この五種類の感覚を指して五感と申します。

じゃあ具体的に五感というのは何を言うのかと申しますと、ひとつは、回りにあるものがどんな味をしたものかと知る、味の感覚は、その中のひとつなんです。これを何と言うかと申しますと味覚というわけです。

それから、外部にどんな格好をした、どんな大きさの、どんな色をしたものがあるかというね。これを人間はどうやって知るかというと、目で見て知りますよね。この目で見て知る感覚が視覚なんです。

それから、外部で起こったことを、音という格好で知るという感覚がありまして、これが聴覚ですよね。

それから、外部にあるものをですね、臭いという格好でね、嗅ぎ取って知るというこれが嗅覚なんです。

もうひとつあります。もうひとつ知ってますか。外部にあるものが、体で、肌でさわって感じて知るって感覚が、もうひとつあるんです。これを何と言うかってと触覚って言うんです。で、こういう五種類の感覚があるという風になってましてね。これを昔から、五感といっている。

じゃ、五感という言葉は誰が言いだしたかというと。昔々これ、中国の人が言い出したんですよ。どうもあの中国という国はですね。昔から、物を五つ並べるってのが非常に好きなんですよね。

それで、あるひとつのですね、ひとつの分野というか、ひとつの部門から常に一番代表的なものは五つだけあるんだと言って、五つ選んで並べるんです。これが非常に好きなんです。

たとえば、穀物には、いろんな種類があるけれども、最も重要な、代表的な穀物というのは五種類だといって、五穀と言うんです。

くだものでもですね、最も代表的な重要なくだものが五種類ある。これを、五果とね、こういうわけです。

それから、色にもですね。色んな色が文字通り色々な色が、あるけれども。色の中で代表的な一番基本をなすのは、五種類である。これを五色って言うんですね。

こういう風に何でも、五つ並べるのが好ぎでして、それから、方角にも五つあるって言うんですね。これを五方って言うんです。じゃ、五方ってのは、何を言うかってえとね、東西南北とね、もうひとつ真ン中が入るんです。東西南北に中央を加えましてね、これを五方と言う。

で、まだ他にも、いろいろあります。

こういうのが、またですね後で日本に入ってまいりまして、そのまま日本語として使われるようになりました。五穀とか五色なんて言葉は、日本語でも普通使われてますよね。

ところが方角なんかの五方ってのは、これは日本ではなじまなかったわけですね。で、日本はどうなったかというと方角を表す時に真ン中が抜けちまいまして、四方になったわけです。日本じゃ、日本語だと四方、四方って申します。

まあ、そういうことなんですが、ともかくそういうわけで、昔中国に人間の体の感覚も五種類あるんだってんで、五感って言ったわけです。この中国のこういう考えとは全く別に、ヨーロッパの方で科学が、発達しまして人間の体の仕組みがいろいろ調べられたわけです。そして、人間の体にはですね、どんなものがあるか、どんなことが起こってるかをね、これを知る、そういう能力があるんだと、つまり日本語に訳して言う感覚のこの能力があるんだと言って、だんだんその正体をあばいて調べていってるうちに、五種類あるって考えになったわけです。たまたまヨーロッパの科学と、中国で昔から言ってきました五感という考えが、ここでめでたく一致したわけです。で結局、日本語では、もともとは中国で使われていた、中国から伝わった五感という言葉をいまではこういう研究の分野でも使用している。こういう研究を何と言うかというと、人体生理学と言います。人体生理学の方でもね、この五感という言葉をね、ずっとまあ、使ってきてるわけです。

ところがだんだん人間の体にある感覚の能力は、五感ではなくて、もっと多いって説がでてきたんです。

たとえば、他にどんなのがある。見たわけじゃない、聞いたわけじゃあないんだけど、何となくわかっちゃうっていう感覚がね、能力が人間にあるんだという説がありまして、で、これを何と言うか。五感の次の感覚だってんで第六感って言うんです。

昔から、第六感というのは、なんとなくピーンとわかる、見たわけじゃない、聞いたわけじゃないんだけども何となくわかるという。正体不明の感覚が、もうひとつあるんだって説があって、昔からそれを第六感と言ってるんです。

まあ第六感はともかく、これ少しあいまいで、はっきりせんのですが、もうちょっと、はっきりしたものとして、五感以外の、これと別の感覚を、考えなければならんという、だんだん最近の研究はそういう風になって来た。

たとえば、どういう感覚が他にあるかというと、重さの感じですね。いわゆる重量感覚ってヤツです。重さとか軽さ。昔は重さを感ずる、重いとか軽いとかってのはどこで感ずるかというと、手で持って感ずるんだと体に触れて感ずるんだと、あれは触覚の、一種類だという風に見てたんですけどね、どうもそうでなくて、重量感覚ってのは、独立した五感以外の感覚として、扱った方がいいんじゃないかと、最近の、人体生理学はそういう方に来ております。

それから、もうひとつは、体が安定してるか、それとも、フラフラしてるか、何か非常に不安定か、あるいは、地震なんかでこう揺れてるという感じですね。

つまり、平衡感覚という、あれですね。体がうまく、バランスとった状態にあるか、バランスがくずれてないか非常に不安定な、ひっくり返りそうな、不安な状態であるというのを平衡感覚と言います。これはどうも、五感では説明つかない別の感覚ではないかと、最近なって来てんです。

まあ、そういうのは、ともかくとしまして話題は、味ですが。

さて、それぞれ、その感覚が成立する為には外部から刺激が、加わらないと、感覚として成り立たないんです。で、その刺激が、しかも体のどういう場所にその刺激が加わるかによって特定の感覚が成り立ったり成り立たなかったりいたします。

こんな話してますと、ちょっとややこしいですけど、具体的な例で言えば、すぐ皆さんわかるはずです。

たとえば、ここに何でもいいです。何か食べ物がありこの食べ物を、味覚として人間が、味としてそれを感じ取る場合、手でさわっただけじゃ味は、わからないですよね。手でさわっただけじゃ味はわかりません。

ここに、たとえば、おまんじゅうがある。これ甘いんだ、美味しいんだと言って、パッと手を伸ばして、仮に手づかみにしても本当はまだ、甘いかどうかわかりませんよ。そりゃ甘いと思い込んでるのは、さっき言った通り過去の記憶なんです。ひょっとするとひょっとして間違ってね、作る方で間違って砂糖のかわりに塩入れてるかもわからんですよね。これはね、それで、塩っ辛いかもしらん。さわっただけじゃわからないんです。

つまり、さわる触覚を持ってしては、味覚は成り立たないってことです。じゃあいったいですね、それぞれ体のなかのある特定の部分に刺激が加わることによって、初めてそのどれかの感覚が成り立つ。でその特定の部分を何と言うかというと、人体生理学の方で受容器という、こういう呼び方をしてるわけです。

じゃあ具体的に、受容器は何を言うかといいますと、じゃそれは口だろうと。もうちょっと厳密に言いますと口ン中のどこでもいいかというと、どこでもよくないんです。これは必ず舌でないとだめです。こまかく言いますと舌だったら、どこでもいいか、そうじゃないんですよ。話は、ちょっと後へ回します。先に言いますと、今さら説明するまでもなく、視覚が成立するのは、刺激が、目という受容器に、刺激として加わった場合、成り立つわけです。目が視覚の受容器です。

同じように聴覚は、音をどこで感じ取るかといったら、こりゃ耳ン中の鼓膜ですよね。これが受容器になります。鼓膜がね。

嗅覚はと言えば、これはですね、鼻の中の組織ですよね。一口に言えば、触覚は、どこにあるかというと、これは体の表面です。皮膚の表面に、その受容器が、ちらばって存在してると、まあ、こういうことになります。

さて、味に話を絞りますと、味は、人間の体の中のごく一部分である舌という受容器にですね、触れた場合刺激として加わった場合に、初めてこれどんな味してんだという、感覚が成り立つわけです。

実は、厳密に申しますと、舌と言いましたけれども、ただ漠然と舌ではね、不正確なんであって、舌の表面に実はたくさん穴があいてるわけです。鏡に向かってベロを出してみますと、だいたい舌の表面ってのは、つるつるしてるかというとそうじゃなく、非常にこうザラザラしてますね。あれはたくさん穴があるからです。ほかにもいろんな組織ありますけども、とにかくひとつは、その穴がたくさんあるからザラザラして見える。この穴を何と言うかって言うと、味蕾《みらい》と、こういうふうに言うわけです。この味蕾にものが触れたときに、初めて味という感覚ができあがるんです。じゃ味蕾はどうやったらわかるか、簡単に言いますと、舌の表面に穴があって、ここに口の中に入ったものが、入り込んだ場合、しかもどんな格好で入り込むかというとまず、液状、液体の状態になって流れ込まないと、味は成り立たないんです。いや、そんなことないじゃあないか。仮にですね、何でもいい何か非常に硬いですね、これを何かのハズミで舐めてみたらねどうだと、やっぱりね、これ何か変な一種しょっぱいような何ともつかない、異様な味がします。ちゃんと味成り立つじゃねえかと。それなりの味は、あるだろう。というますのはね。何故かって言うと、口の中では常に唾液が出るからですよね。唾が出ることによって、この硬い物の表面に、ついているものが唾の中に溶けるわけです。それで味蕾の中に流れ込んで、味がする、そういうことなんです。要するに溶けて流れ込まないと、味は成り立たんわけです。

さて、実は味蕾にも、四種類あるっていうんです。

どういう四種類かというと、それぞれ味蕾の種類に応じて、感じ取る味の種類が違ってるっていうんです。つまりそれによって味蕾の違いに応じて、味の違いというのが味わいわけられるという、こういうまあ、仕掛けになってます。

さて、じゃあいったいその、味蕾の種類、つまり、人間の側が味として感じとる味の違いってのは、じゃ何種類にわけられるかと申しますと、まずひとつは、甘いというですね、甘味ですね。これがひとつあるわけです。

それから、これももともと中国から来た言葉でして、大変難しい字を書くんですけど、こういう字で表されます味があるんです。いわゆる漢字の読み方ですと鹹ですよね。これも同じくカンなんです。じゃあこれいったいどういう意味かってとね、これ塩辛い、塩辛い、いわゆる俗に言うショッパイ味です。

それから、ニガイという味。スッパイという味ね。甘、鹹、苦、酸とね。要するに味というのは、物の味には実は違いがあって人間の側にも、甘いのを、甘いという味を感ずる味蕾とね。塩辛いという味を感ずる味蕾と苦いという味を感ずる味蕾と、スッパイという味を感ずる味蕾と、みな区別されてる。

じゃ仮に、甘い味しか持っていない、甘さを感じさせる材料しかそんなかに含んでいないような食べ物がね、仮に口の中にちょっと入りましてね、甘さを感じる味蕾には溶け入まずにですね。苦さを感じる方の味蕾の中に溶け込んだらどうなるか、この場合は全然味を感じないいんです。中国は、昔から、味には代表的なのが五種類あるといっている。これを五味といったんです。五味です。じゃあこの四つの他に何があるのかと、もうひとつ中国はね、これを考えたんです。ピリリと辛いってヤツをね。ピリリと辛い。甘、鹹、苦、酸そして辛ですよね。ピリリと辛いね。辛を加えましてね、五味と言ってたわけです。ただ、この点ではね、ヨーロッパの方の科学はこの中国の昔からの言い伝えと一致しなくて、味蕾を持って感ずる味覚として成り立つ味は四種類なんであると。そしてこれは、ちょっと別なんだと。どんなふうに別であるかというと、一種の触覚なんだってんですね。舌の表面で、痛いという感じを受けるですね、何かそういう刺激なんだと言ってね、味覚から区別しております。この点ちょっと一致しない。で、いまのその科学の立場ですと味というのはこの四種類と。こういうことになってるわけです。

さて、このあたりまでの話は、言われてみれば、なるほどそうだな、当り前じゃねえかと、皆さんそう思われると思います。

しかし、実は、今度このあたりから、どの味を感ずる味蕾が、ひとくちに舌と言っても文字

通り、舌のどのあたりにあるかっての違うんですよね。でそれは別の言い方するとどういうことか。舌の部分々々によって、特にどれかの味を敏感に感じるという。そういう仕掛けになってるってことなんです。

まず、甘いという味は、だいたい舌の中で特にどこで感ずるか、甘さを感ずる味蕾は、どこにあるか。これはですね、舌のですね、いちばん先っぽ、先端に、先端の舌のいちばん先っぽのところに多くは、かたまってあると、こういうことになっております。

それから、塩辛さを、感ずる味蕾はどこにあるか、これは先端とですね、それから更にですね、舌の周囲、いわゆる、周縁部にだいたいまとまってちらばってると、こういうことになっております。

苦さを感ずる味蕾は、どこにあるかというと、舌は舌でも一番下の奥の方根本の方、舌の根本ってのはどこであるかってと舌はノドんところにくっついてますよねノドに近い所に、つまり舌の一番奥ノドに近いところ、その部分を何と呼んでるかってと、舌の一番根本に近いってんで舌根ってんですよね。

それから、スッパさを感ずるのは、これは舌の周りの方、周縁部にこれは多いと、だいたいこうなってます。

このあたりも、あらためて考えてみるとナルホドナーと、納得されるかたが多いんじゃないかと思います。

たとえば、甘さを最も効果的に味わおうと思ったらどうしたらいいか。今はもう飽食の時代で、そういうことないですけど、私なんかの子供の頃、戦争中、甘いものはないですよね、たまにわずかの砂糖が手に入りますと、砂糖だけじゃ当時はなくてサッカリンとか化学甘味料ですね、これは非常に貴重だったわけです。そのわずかなものを、できるだけタップリと、甘さを存分に堪能できるように味わおうとしたらどうしたらいいか、いきなり口ン中にガブッて入れたらダメなんです。どうするか、お皿の上でもいいし、まあどうせ行儀は良くないですけどね。手の平でもいいです。平べったく、甘さを感じさせる材料を、広げておきまして、舌を出して、舌の一番先っぽのところでペロッと舐めるんです。それで一番甘さを強く感じるんです。でわずかのその甘味の材料をね、こうやって一番先のところで、ちょっとちょっとペロッペロッと舐めながらねこうやって舐めつくしていくと一番甘さを存分に感じたと、こういうわけなんです。

塩辛さとかね、スッパさってのは、口へ入れた時に特にどの部分で感じるって感じじゃないですよ。何となく口全体にバッと広がる感じがいたします。これはつまり、舌の周りにね、ずっとこれが散らばってるから、それがだいたい口にものを入れた時には口全体にこう散らばるわけです。それにだいたい口にものを入れた時には口全体にこう散らばるわけです。それでだいたい周縁部っていうのは必ず最初にものに触れやすい。

苦さが一番奥で感ずるっていうのは、ナルホドと思われるかた多いと思います。苦い薬を飲む時一番きついのはいつかといいますと口に入れた途端じゃないですよね、ノドを通る瞬間です。だから、口に入れたときはまだいいけど、ノドで飲み込む時に拒否反応が起こって、ゲッと吐き出したくなる。だからノドを何とかして無理に通しちゃうために水でガボッと飲み込むわけです。

（二）

最近、お酒をいろいろまぜ合わせまして、何とか割り、カントカ割りというのがはやってますよね。ヤレそのコークハイだとか酎ハイだとかタコハイだとかねいろいろありますけどね、近ごろは何ですか、ウーロンハイなどというものもでてます。あれはやっぱりひとつはどうも女性のかたがお酒になじむようになった、そのひとつのあらわれだそうですね。

お酒を好きになるひとつの過渡的現象としてつくられるようになったというんですが、その中のひとつでカルピス割りというのがあるんですよね。カルピス割りって、これどういうのかってといいますと、カルピスとウィスキーですな、それをまぜ合わせたんです。もちろん水も入ってます。あのカルピスの材料にいきなりウィスキー入れるんじゃなくて、いわゆる初恋の味と言われるカルピスをつくって、これにウィスキーをまぜるわけです。

ただあのカルピス割りは一時出まわったわりには最近はやんないですな。最近すたれちゃいましたけどね。あのカルピス割りですが、飲むときに、口の中に入れた途端にカルピスの味がするんですよね。ところが、飲み込む時に逆にウィスキーの味がするんです。何か味が分かれた感じがある。これは、入れた途端にカルピスの味がグッと来まして、飲み込む時にグッと今度はウィスキーの味が強くでてくるんです。それは何故であるか申しますと、カルピスの味というのは甘さとスッパさです。甘さとスッパさというのは舌の先端と同縁部で感ずるわけです。だから口に入りました途端に、その甘さとスッパさがグッと感じられるんです。ウィスキーの味はといいますと苦さですよね。苦みです、これは舌根のところで強く感じますから、飲み込む瞬間に強く感じるんです。そんなわけなんです。このあたり何でもないことのようですけど、改ためて注意してみると、ナルホドと思えるわけです。

ところで、人間にはこういうふうに食べ物に対して、味覚という感覚があるもんだから、食べ物に、さまざまな味があると言う、つまり、食べ物の持っている味の違い、味わいわける能力があります。実はね、人間という、生物の中でも、最も程度が高いと普通みなされている。

生物というのはずうっと、そんなあんまり程度の高くない生物がですね、だんだんだんだん進化してですね、複雑なものになり、さまざまな能力を備えるものに変わってきて今の状態になった。そうしていわゆる高等生物と呼ばれるものができあがり、高等生物のなかでも最も高等なのが人間だということになってんですけども。その高等なものが、味覚というものを持つようになった。

実は、改ためて考えてみますとこれはおかしいんです。理屈に合わないんです。

生物の進化というのは、現在の科学では、こういうふうにだいたい説明しております。生物が進化してきたつまり姿かたちや能力が、だんだん長い時間がたつうちに、長い年代かかねる間にですね、そうして親から子へ、子から孫へと代を重ねる間にですね簡単なものから複雑なものへ、要するに程度の低いものから程度の高いものへ変わってきた。これ進化論ですよね。今の進化論は、こういうふうに、考えてるんです。


だいたい進化というのは何故起こったのか、ある特定の環境のもとで、暮らしていると、それぞれ生物の側に体にさまざまな能力があって、それぞれ環境のもとで、生きるのに有利な能力と生きる上で利益にならない逆にジャマになる不利な能力とを、いろいろ持っている。また、おんなじ生物であっても。おんなじ種類であっても、ひとつひとつの生物を比べてみると比較的有利な能力を多く持ってるのと、不利な能力の方が、どうも残念ながら多いのといろいろ個体によって違いがある。

不利なものはね。環境のもとで結局生きられずに早く死んでしまう。早く死んじゃうと有利な能力持ってるものが生きのびて、そうしてこれが子孫を残すと、子孫の中で有利な能力を持ってるのがまた生きのびて子孫を残し、そうして、どうなるか。だんだんだんだんだん、その有利であることが、つまり有利な性質能力が。こうやって選び残されるうちに、だんだんそれが増えていきまして。そうして何代も何代も重ねるうちに、御先祖様に比べると、はるかに有利な能力を多く備えたものに変わるこれが進化であると、今の科学はそういうふうに説明してるんです。

となりますと、進化につぐ進化を重ねてできあがった挙げ句の果てに、人間ができたと。人間てのはね、他の生物に比べて非常に有利な能力を持っててしかるべきはずなのに、また事実多く持ってるようですけれども、改ためて考えてみますと、味の感覚は違うんです。

まず、生物が生きていく上で、どういう能力が一番有利か考えてみますと、何といっても生きるためには生物は全て、食べ物を得なきゃなりません。他のものに比べて、食べものを手に入れる。要するに、食物を獲得する能力において、秀れているもの、これが生きる上で一番有利なんです。食べ物を、獲得する能力を持ってる者これが一番有利です。

だとしたら、高等生物と呼ばれるものほど食べ物を獲得する能力はどうかしたら、食べ物をみつけるのに全然役に立たないです。どこに自分にとって食べられる、つまり餌になるものがあるかそれを何で知るかというとですね、まずひとつは目で、めっけますよね。つまり視覚です。

それからよく動物は匂いで嗅ぎ分けます、はるか遠方に、自分の食べられそうなものがあるんだってことを匂いで嗅ぎ分ける。嗅覚です。

あるいは、どっかで音で、何かあることを聞き分けて、食べ物を手に入れる。

こういったものは有利なんですけどこの味に関していいますと味という感覚は、口の中に食べものが入ってはじめて、でてくる感覚ですから、食べ物をめっけるには全然役にたたないんです。

で、むしろ逆なんです。なまじ、味なんか知らなかったらもっと多くのものを、食べられるはずなんですよ。

なまじ味があるために。美味しいものとまずいものが分かれるんです。好き嫌いが分かれるんです。味を知らなかったら、食べて栄養になって、ちゃんと食べ物に役立つはずのものがなまじ味を知るようになったために、なんだこんなまずいものって食べられなくなっちゃう。

食べ物を手に入れる点から言いますと、味なんて感覚は、まったく逆に役に立たないどころか、ジャマになる感覚なんです。味なんかわからなければ、何でもかんでも食べられるはずなんです。なまじ味を知ってるが故に食べ物の種類というものが、非常に限られてしまう、限定されちゃう。

ある意味で生きるのにジャマになるような感覚が何で、高等生物と呼ばれるものに身についちゃったのかどうもよく説明つかないんです。

あるいは、こういうことを言う人もいます。そもそも味の違いってものを。高等生物が味わいわけられるような能力が身についたのはそれによって、毒があるものとないものとを区別したからじゃないかってんですね、でも、これも説明になっておりません。何故かそれは、美味しい故に、食べたがるあるいは、マズイ故にですね、きらうということと、そのものが毒を持ってるか毒を持ってないかってことはね、一致しないです。人間の体にとっては非常に利益になるものが味の点では非常にマズイ、だいたい薬がみんなそうですよね。良薬は口に苦して昔から申します。

逆にね、毒だけれども美味しいってものもあるわけです。一番代表的なものが何かというと、フグの肝だってことになってます。だいたいフグってのは、毒があるというけど、全部のフグに毒があるわけじゃなくて毒のある種類がある。フグにもいろんな種類があります。

特に体の中のどこにでも毒があるかというと、そうではないのであって、あれは、いわゆる内臓です臓、要するに俗に言う、はらわたです。特に肝です、いわゆる肝臓です。これが非常に毒だってことになっております。ところがまた、これが非常に美味しいんだそうですね。非常に美味しいんだそうです。私は食べたことありません。私はだいたいにおいて、フグという魚自体が決して美味しいとは思わない、こりゃ好き嫌いの問題ですけどね。美味しいと思わないんです。フグは食いたし命は惜しいって何か昔から言葉がありますけど、私どうも命とかかわりなく、あんまり食べたいと思いません。

フグを好きだっていう人に聞くと、一番美味しいのはフグのその毒のある肝だって言うんですね。だから食べたら死ぬじゃないか。ところがね、あれはやっぱり毒の量によりけりで。ある程度以上その毒が、人間の体の中に入ると死ぬんだそうです。いわゆる致死量ってのがある。だから致死量に至らない範囲で、その量のフグの肝を食べるってえのが何てえか、フグを食べる、フグの本当に好きな、いわゆる通人なんだそうです。

で、その致死量の一歩手前まで食べるんだそうですね。でフグに中毒すると、どういうことになるかというと体が、しびれてくるんだそうです。しびれてそのまんまで、死んでしまうのがつまり致死量こえた場合ですけど、致死量の一歩手前でやめるとどうなるか体がある程度しびれるんだけれども、やがて直るんだそうですね。お酒に酔っぱらうのとおんなじようなもんでね、しびれた感じがまたなんとも言えず楽しいんだそうです。好きな人に言わせるとそうなんだそうです。

そのしびれた感じをフグの文字通り、味を味わうだけじゃなくて、体全体でしびれた感じを楽しむんだそうです。つい美味しいもんだから調子に乗って、度をすごすと死ぬわけです。

前に歌舞伎の役者で阪東三津五郎って人がですね、京都の料理屋で、フグの毒を食べてフグに当って死んだって話がありましたですわね。聞くところによりますと、フグの肝にあたったわけですけど前々から何度もその料理屋さん、なじみの料理屋さんで、三津五郎さんはいつも行ってフグの肝食べてたそうです。それでちゃんと料理屋のほうでもその名人の板前さんが料理して、致死量の一歩手前の量だけ一人前として出すから死ななかったそうです。したところがたまたまその時お客を何人か連れてったんだそうですね。お客の連中はみんなね、フグの肝って食べたことないと、じゃそんなうまいものお前たち知らないんだったら味あわせてやるってんでね。そいで注文して出さしたんだそうです。イザ目の前に出てきたら他のお客が、みんな尻ごみして食べなかったんだそうです。要するに、ハシつけない。だったら三津五郎さんまあ酔った勢いで、こんなうまいもの、お前ら食えねえのかと、だったら俺が食うと言ってね。料理屋のほうでもそういう場合、本当の致死量ぎりぎりは出さないです。危険ですからね、致死量のかなり手前のとこで止めて出す。ちょっとくらい多く食べても、だいじょうぶなんですね。なまじそれ知ってるもんだから、もうちょっとくらいだいじょうぶという調子で、何か酔った勢かなにか、他の人の分用に出たのをね。食べちゃったんだそうです。だったら致死量をこえちゃったたっていうんです。

あの料理屋さんは営業停止処分か何か受けたけど、事情知る人に言わせたら料理屋さんのほうが気の毒だと。料理屋の方じゃ、ちゃんと心得て、これ以上食べちゃいけませんよといって致死量以下を出してんのに、本人が人の分まで食べるから、そういうことになったんで料理屋のせいじゃないんだって言ってる人もいましたけれどね。

いずれにしても、ついつい致死量をこえるほど美味しいんだけども、やっぱり毒は、あるわけですよ。その毒のあるものを危険だから食べないようにさけるためにですね、味覚が味の感

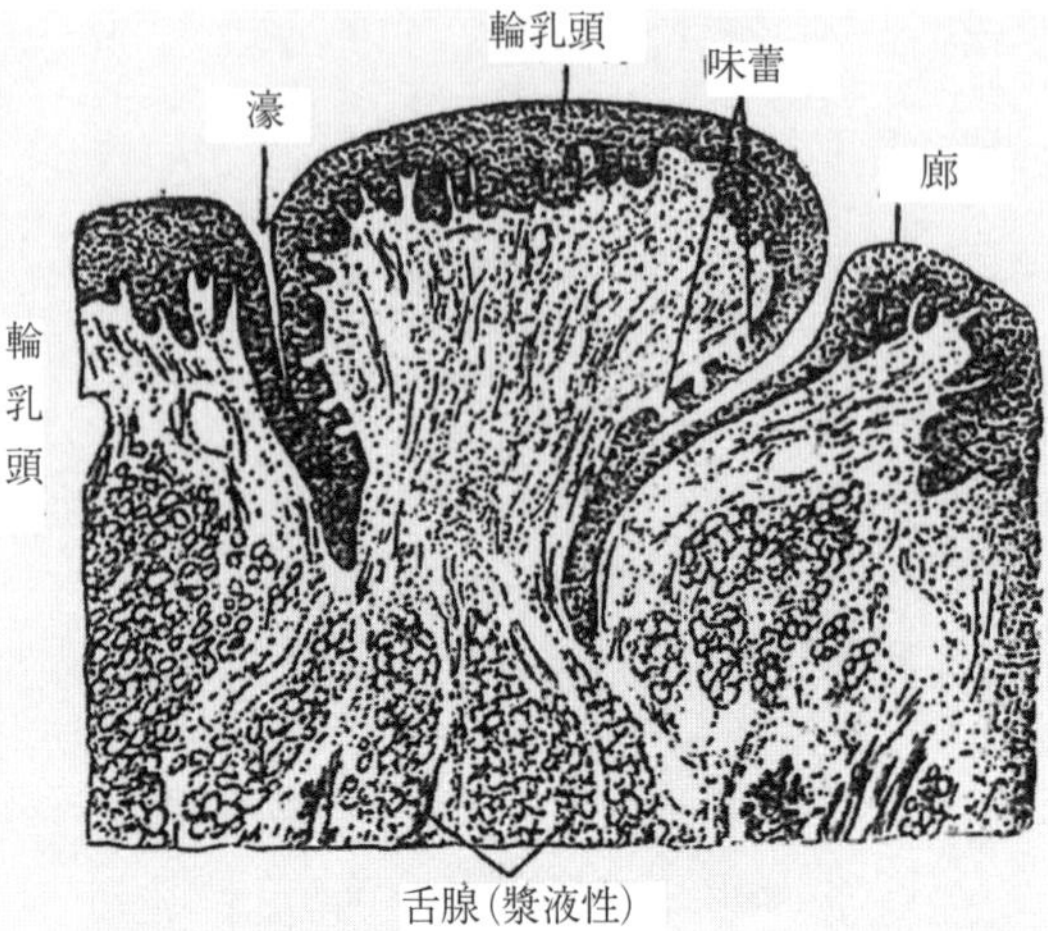
輪乳頭
濠
味蕾
廊
輪乳頭
舌腺（漿液性）

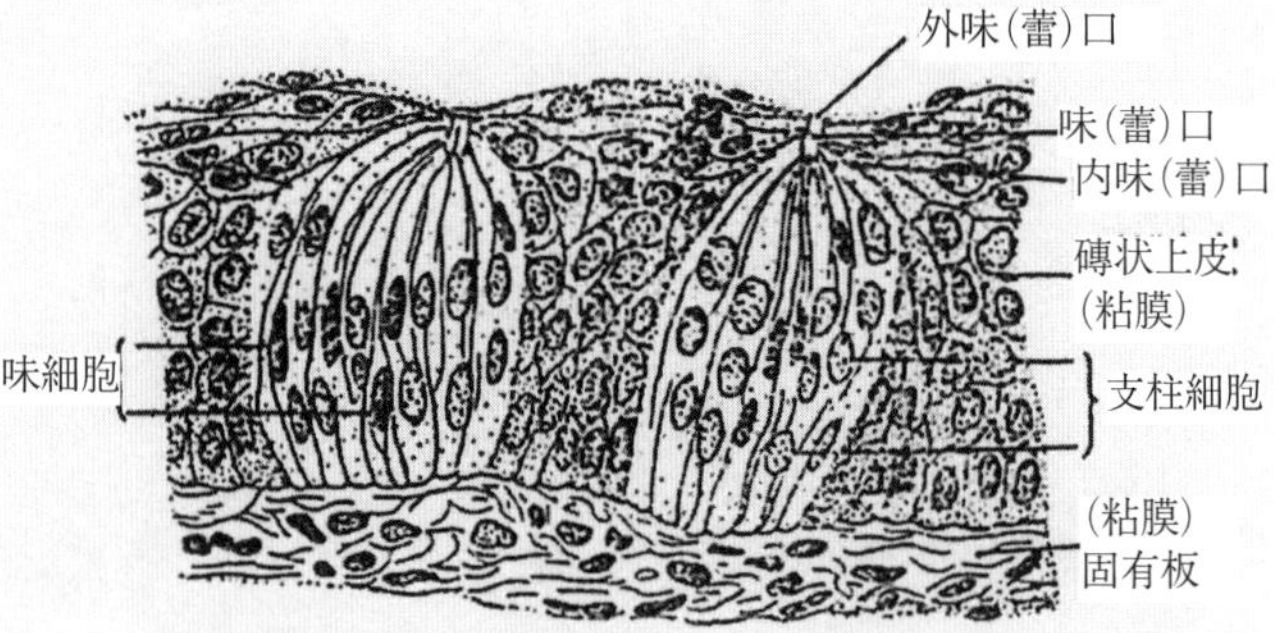
外味（蕾）口
味（蕾）口
内味（蕾）口
磚状上皮（粘膜）
味細胞
支柱細胞
（粘膜）固有板

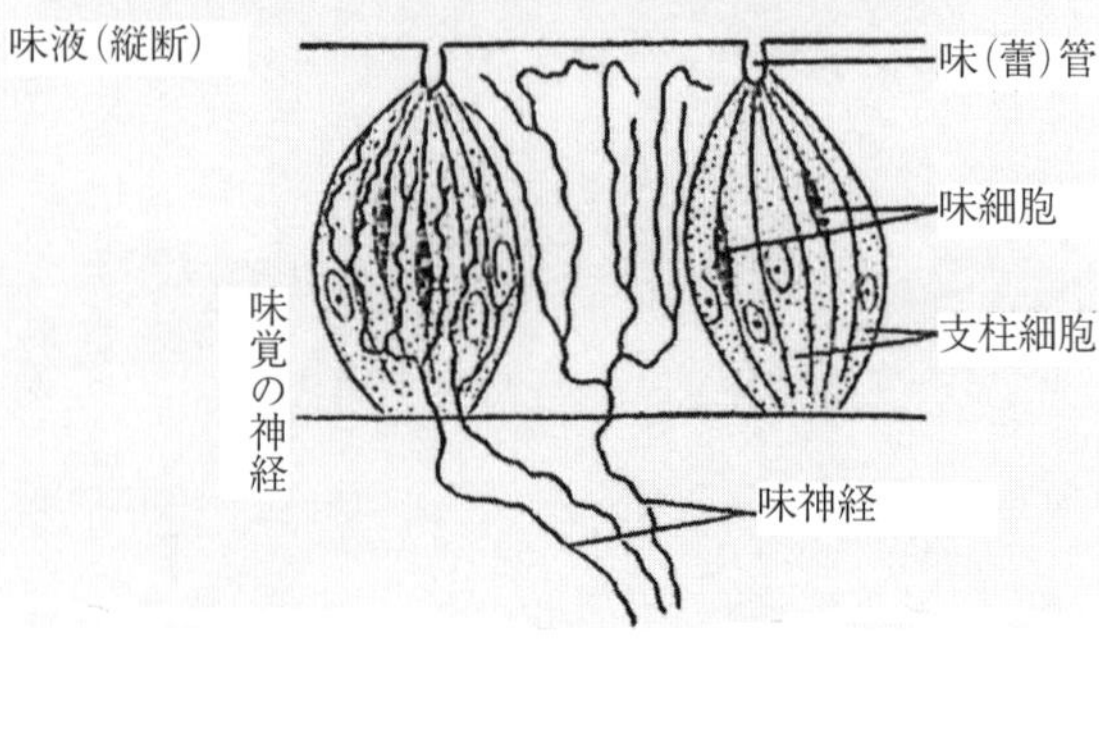
味液（縦断）
味（蕾）管
味細胞
支柱細胞
味覚の神経
味神経

覚が発達したのはどうも、説明にならないんです。結局のところそうすると、どういうことになるか、何で、人間に、いわゆる高等生物に、ものの味を感じとる、味わいわける味覚という感覚があるのか、これは謎だってことになります。

これはね、現実の問題として間違いないんです。で、現実の、現在の人間の食生活は、味というものを無視したら成り立たない。

さて、じゃあ現実の食生活は、現実に普段人間が食べている食べ物は、どうであろうか。さっき申しました通り味には4種類あるって言いました。4種類それぞれを単独でですね。人間が味わうかというと、実はそうではなくて、現実はどうであるかというと、ひとつのごちそうの中に、ひとつの食べもののなかにさまざまな味がまじり合っております。味の複合ですよね。味の複合によって、それぞれ、これは美味しい、これはマズイというこういう区別がわかれるわけです。

そして実は、複合することによって、美味しさが増す場合、複合することによって、マズサが増す場合、これがいろいろあるんですさっきあげました、4つの味の中の2つの味、あるいは2つ以上の味が、まじり合うことによって、人間の側から見ると非常に美味しさが増す、つまり、全体として、人間が非常に味を通して快感を得る。要するに快感を得るっていうのが、イコールこれ美味しいってことです。そういうふうな種類の味を融合しやすい味っていう言い方するんです。

逆に、この味とこの味がいっしょになるとよけいマズクなってね、イヤがる人間が増えるって場合。これを融合しにくい味という言い方する。

じゃあ、どんな味が、融合しやすいか。甘さと塩辛さ、これがいっしょになった場合は、融合しやすいってことになっております。それから、甘さとスッパさが混じり合った場合、これも融合しやすい。

逆に、融合しにくい味は何であるかと言うと一般的に苦さとスッパさが混じり合った場合これがだいたい、融合しにくい。つまりマズク感ずるってことになってんですよね。でもこれ絶対的じゃありません。が、その前に一般的な傾向として、こう言われております。普段のみなさん食べてるものを具体的に思い浮かべていただくと、ナルホド私の好きなあれは、そういえば甘さと塩辛さが、またはスッパさが混じっているんだなと、おわかりになると思います。


いくつか例あげてみましょう。

甘さと塩辛さが混じり合って、非常に美味しさを増してる、美味しさを感じさせる味というのは何があるか。一番代表的なものは、タレですよね。

タレといいますのは、うなぎの蒲焼きのタレであれ、スキヤキのタレであれそれから天ぷらのおつゆ、つまりタレです。あるいは、ソバのタレ、おつゆであれ何であれ、あれはだいたい、甘さと塩辛さが基本になってできております。

甘さとスッパさの混じり合って美味しい例はといえば、まず、さっきあげましたカルピスがそうですよね。それからね、だいたい甘さとスッパさが混じり合ってる例ですと、果物が、ほとんどそうです。特にあの、ミカンの仲間、柑橘類ですね、あれはもう代表的に甘さとスッパさです。そうなりますと、どうなるか、当然、その味を、モデルにしてつくったレモンスカッシュとか、レモネードみんなこれ甘さとスッパさの味です。女性好みの味というのは、甘さとスッパさの融合してる例が多いんじゃないでしょうか。

それから、甘さと苦さの、まじり合ってる例でいいますと、これはまず、コーヒーや紅茶に砂糖を入れるのはこれですね。それからもう、すでに、甘さと苦さが混じ合ってできあがってるものが何かあるかというと、チョコレートがそうです。チョコレートは甘さと苦さです。

スッパさとね、塩辛さが混じり合ってるものも、わりと融合しやすいということになってるんです。

一番代表的な身近な、特に日本の食生活では、わりとスッパさと塩辛さってのはよくいっしょに混ぜて使われる。つけものは、代表的ですね。つけものはだいたい、塩辛さと、スッパさの混じった味なのです。

さて、ところがね、苦さとスッパさ、苦さと塩辛さが混じったら文字どおりですね。苦手とするというんですけどこれも絶対的じゃないです。たとえば、苦さとね、塩辛さがね、混じり合ってるものは意外に好まれてるものがあります。何であろうかというと、塩焼きにした魚の腹ワタです。特に、サンマの塩焼きとか、それから鮎の塩焼きというのは、腹ワタごと食べる。腹ワタがねフグの肝じゃないですけどね、むしろこれは美味しいんです。あれは何かというと腹ワタの持ってる苦みにです。それから塩焼きにしたときの塩味が加わって美味しいんです。

それからね、2つだけあげましたけれどももちろん3つ以上混じり合って融合する場合もありますよ。

日本でつくられております中華料理は、甘さと塩辛さとスッパさが混じりあってます。特にスブタは代表的です。甘さと、塩辛さ、スッパさ混ぜると美味しさが増す。

普段何気なくこれはこんな味のものと、思ってる。だから、私はこれ好きだ、私はこれ嫌いだと、何気なくもうそういうもんだと思い込んで普段食べてるでしょうけれど、何か食事なさる時に、改ためてちょっと見直してみてください。

さて、次に自分の好みは何であるか。自分がいつも好きだと言っているのは、どんなものであるか、またどんな味が混じり合っているのが嫌いであるかということがでてくると思います。こうした個人の好みと同時にもうひとつ量比の問題が関係してきます。

たとえばね、おしるこ作ります。主体になっている味は甘さです。おしるこにちょっと塩を入れるとひじょうにおいしくなるといいますよね。あれは甘さに塩からさをまぜることによって、融合させて味がひきたっている一つの例です。

スイカを食べますときに、スイカはもともと甘さが中心のくだものであり、若干すっぱさが混じっているところへ食塩かけますね。そうすると甘さが引き立ち、更に引き立つわけですよ。塩からさが加わって。

同じようなことはさつまいもにも言えます。焼きイモというのはこれはだいたい甘さです。甘さなんですけど、それにちょっと塩をつけますと、味が引き立つと言いますのは、これつまり塩からさを混ぜる。ただし、量比が関係いたします。

あのおしるこの中にさとうを入れて甘いおしるこを作ります。ちょっと塩を入れるとおいしいですけどね、さとうと同じ量だけ塩を投げ込んだら、どうなるかと言えばこりゃあ食べられたもんじゃあないですよ。もちろんしょっぱすぎて食べられません。スイカに塩かけたらおいしいって、スイカの表面が、まるで大雪でも降ったみたいに、一面真白に塩かけたら、こりゃあ食べられたもんじゃありません。そう言うわけなんです。量比が関係いたします。

それからもう一つ、日常の食生活はね、味が基本になっとりますけど、味だけでは成り立ちません。他のものが関係いたします。

たとえば、非常に嗅覚って関係持ちますよね。においね。で、文字どおり口の中ににおいさえなければ、においが抜けてれば、味だけみたら自分は、非常においしいと思って食べるかもしれないのに、口に入れる前にもうそばに近づいただけで、においでごめんこおむるというのがありますよね。これはまず味よりさきに嗅覚が拒否反応をおこすわけです。

たとえばどんなのがあるか、クサヤのひものってのがありますが、よく食べられないって人がいます。食べられない人に聞いてみますと、口に入れてからマズイんで吐き出したんじゃあないんですよ。すでに口に入る前に、そばに近づいてきただけでにおいがいやだって人がほとんどです。そのなんて言うか、垣根を突破してね、いったん口に入れてしまうと案外好きになるって人は多いわけです。いったん口に入れてにおいに慣れちゃいますとね、案外食べられる。そう言うのがあるわけです。

それから視覚が関係しますよ。たしかに、おいしいには違いないいんだけれども、なんとも見た形がどうにも、食欲をおこさない。逆に食欲を拒否させる。こう言う場合があります。とくにこの視覚の場合にもう一つ、記憶ってえのが関係いたします。

自分にとって好ましくないものを、その姿、形、色が思い起こさせる連想です。こりゃ、しばしば、普段の食生活ですと非常に関係いたします。連想とか、記憶とかってのが何かと言うと、別の言い方をしますと、これ情報なんです。これが非常に関係致します。

私の知り合いの人で、絶対にニワトリの肉を食べれないと言う人がいるわけです。何故であるかというと子供の頃に、自分のうちのすぐ近くにトリ屋さんがありまして、年中ニワトリをしめ殺してはね、そのしめ殺したニワトリのハネをむいたやつを、店先にずらっと並べてあったって言うんですね。あれをいつもいつも見たその記憶が、強烈であって今だにニワトリの肉が食べられない。味よりも何よりも先に視覚を通して過去の連想が邪魔をするわけです。

それから、スキ焼きが大好きだった人が、たまたま交通事故の現場で、あの鉄道の飛び込み自殺なんかで人間の赤い肉がとび散っている現場を見たら、その後しばらくはスキ焼きはもう絶対ノドを通らない、手が着けれないとね、こう言うことがある。

やっぱり一つの記憶、情報の操作です。それからくるわけです。

この前もちょっと研究会がありましてね、そこでたまたまその研究会の話題が肥料の話だったんですが、そして日本では昔からですね、人間の排せつ物を肥料として非常に多く利用した。下ごえと申します。人間の排せつ物ね。そこで日本の農業は、肥料として使う農業ってえのは何て野蛮なんだろうと言われたんだけど、そうじゃない。一面たしかにそのために回虫とか寄生虫が拡まるというへい害もあったけれど、おかげで、江戸時代から日本の町は、非常にきれいだったたって言うんです。

何故かと言いますと、人間の排せつ物を、全部農家の人が来て、喜んで持って帰ってくれるからです。肥料を人間の排せつ物を下ごえとして使わなかったヨーロッパはどうなったかってえと、始末にこまりまして、現在のゴミと同じように、町の中に場所を決めで、みんな捨てさせるようにしたんですけど、みんなめんどうくさがって持っていかないんですよ。めんどくさがって持っていかないでどうするかっていうと、家の中にためておいた排せつ物を朝、夜明け前に、窓から往来へ投げ捨てたってたってんですね。

近頃日本で流行ってるような、あの出勤前、ひと時のジョギング、早朝のジョギングなんてのは、かつてのパリやロンドンではできなかったたてんですよね。うっかり町走ってたら頭から続々降ってくるってわけでして、もうとにかくパリやロンドンってえのは、かつて日本人はあこがれて、花の都なんていってましたけどね、それはごく近代になってからの話です。18世紀～19世紀、それ以前には花の都どころか、鼻をつまむ都だったたってんですよね。もうとにかくそう言うわけです。

始末にこまってどうしたか。しょうがねえ、川へ流しちゃおうってわけで、水洗式にして下水を完備したってわけです。ヨーロッパの都市と言うのは非常に下水が発達しまして、よく

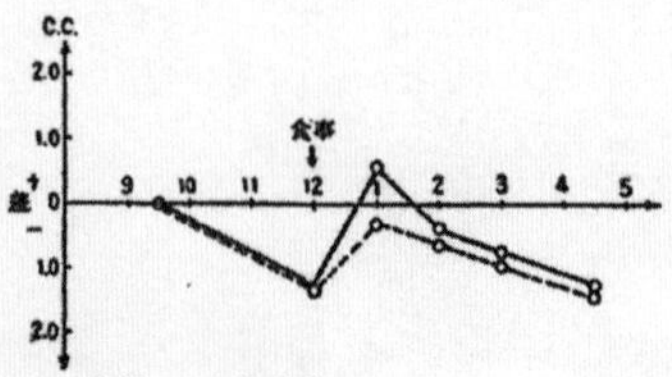

実線：正常動作
点線：砂糖を食事のかわりに単に味わった時の変化

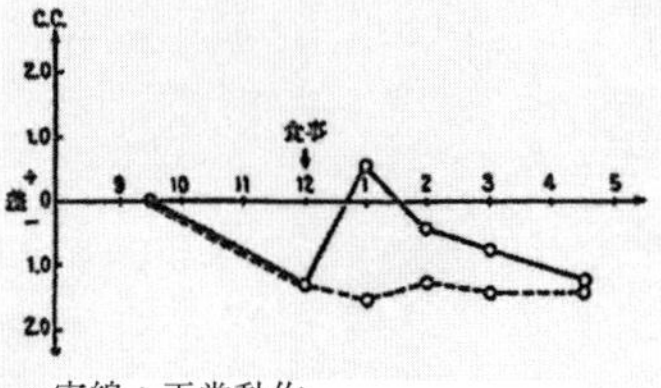

実線：正常動作
点線：砂糖を食事のかわりに単に味わった時の変化

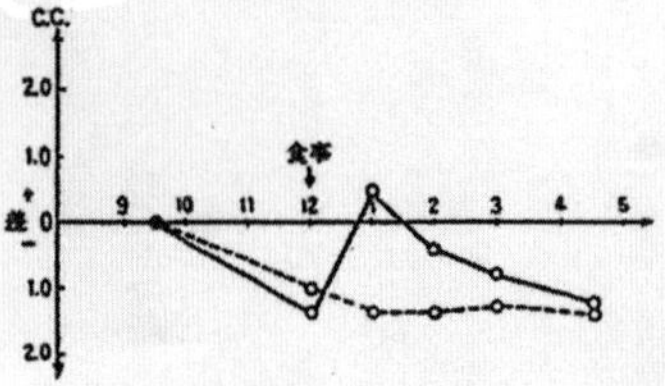

実線：正常動作
点線：砂糖を食事のかわりに単に味わった時の変化

第8図　○○の嗅覚の○○の平均変化

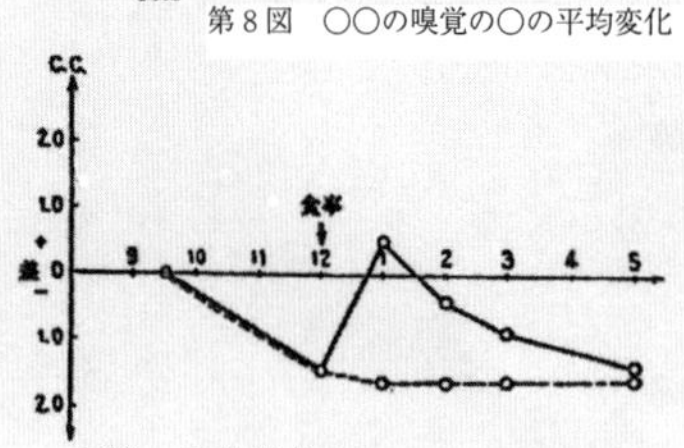

実線：正常動作
点線：ブドウ糖を食事のかわりに静脈注射で与えた時の変化

（ケーツルとその共同実験者による）

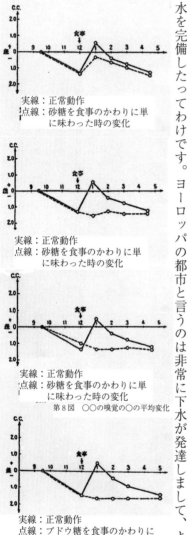

ヨーロッパの昔の小説や映画なんかに、下水が舞台になりますよね。あの『レ・ミゼラブル』ジャンバルジャンね、あれがあの下水道の中を逃げ回る。それから映画ですと、最近ではないですけど、だいぶ古い映画ですけれど、名画だと言うんで今でもしばしばリバイバルでよくやっとりますが、『第三の男』ってありますわな。オーソン・ウェルズふんする、あの主役は、ウィーンの下水道の中を逃げ回る話ですよね。

あのような下水道が何で発達したかと言うと、みんなこれを流すためだったんです。

実は、そう言う話を研究会で、一人の人がしゃべってたんですけど、その研究会は恒例としまして、研究会の途中で、夜やってるわけで、夕食の時間をはさむ。その夕食はできるだけ安あがりに簡単ということで、必ずカレーライスってことに決まってるんです。それが分かってるもんですから、その時の報告者はですな、何ともしゃべりにくそうでしたなあ。これなどは完全に連想が作用する、とこう言ったわけです。

全て、甘さが入るとみんなおいしくなっちゃってるんです。逆にね、にがさが入ると融合しにくい、人間にとっていやな味、こういうことになる。

人間という生物は、先天的に本能的に、味の中でも一番甘さを好むようにできてるってことです。一番にがさを文字どおりにが手とするってことなんです。だからその一番好きな甘さが入ると、苦さですら、おいしくなっちゃうんですよね。

そして、甘さに次いで人間が非常に好む味は何であるかと言うと、やっぱり塩からさです。こう言って良いと思います。で、現実にどうなってるか、普段の食べ物の中で、食生活の中でもっともふんだんに多く使われる、いわゆる味付けとして、どんな味付けが行なわれているかと言うと、甘さと塩からさですよね。これが一番多いです。甘さと塩からさが一番多く使われております。で、さっきね、何で味覚と言う感覚が、人間にできあがったのか謎であると言いました。しかしね、人間がその味の中で、甘さと塩からさを特に好むって言うのは、これはスジが通っております。ちゃんと分かります。

実はね甘さと言いますのは、人間がこの世に生を受けて、オギャーと生まれて来て、まっさきに自分の体を、自分の命を維持するために、味わわなければならない味ってえのは、甘さなんです。それはお母さんのオッパイの味です。

母乳の味って言うのは、これは甘さです。甘さが基本なんです。だから、甘さを本能的に好かない限りね、赤ちゃんは育つことができないんです。これは。そう言うことになります。赤ちゃんは育たないんです。本能的にですね、甘さを拒否しましたら吸えませんですからね。赤ちゃんは育ちません。

それから、塩からさは、人間にとって、生きる上で不可欠のもんです。なくちゃならないです。塩ってものはね、絶えず体に補給し続けなきゃならない。塩からさを本能的に拒否したらね、塩の摂取ができなくなるんです。そしたら人間の体は生理的に変調をきたしまして、生きることができない、そう言うことになります。

そう言うわけで、甘さと塩からさが一番好きだってのは、これは大変理屈に合ってるわけです。

ところが、好きなだけに人間は、しばしば味わうときに度を越して味わっちゃいます。甘さを人間に感じさせるものは何かと言うとまず一番代表的なものは糖です、糖分ですよね。糖分はこれ以上とる必要ないんだと言うんだけれどね、甘さが好きなもんだから人間はついつい甘味をよけいにとりたがる。そうするとどうなるか、砂糖のとりすぎ、糖分過剰ってことになりますよね。同じことが、塩からさにおいてもおこります。ついついとりすぎるんです。生理的にはもうこれ以上塩をとらねえほうがいいのに。どうしても塩っからい味のものを、もっとこう塩っぱいものを食べたい、もっと塩っぱい味付けにしたい。だからどうするか。常にとりすぎをおこすから、常に過剰状態になり易いから、また、現になってるから、なってる人が多いから、過剰にならんように、ならんようにと言ってどうするかと言うと、健康のためには、砂糖をへらしなさい、長生きするためには、砂糖をへらしなさい、長生きするためには、塩をへらしなさいと言って、減糖だ、減塩だってことがやかましく言われるわけです。

ところが、苦さやすっぱさって言うのは、あんまりこれ放っておいてもとりすぎないんですよ。特に苦さ、もともと苦手なんですから、人間は。とりたがらない味ですから、だからですね、あれですよ。減糖、減塩なみにたとえば、すっぱさ、減酢ってことはあまり言わんですよね。逆に酢を飲むと健康にいいって、酢を飲め飲め盛んに言うわけです。ありゃ放っときますとね、酢、そっちの方はとりたがらないんです。だから、そう言うことになるんです。こっちの方はやたらにとりたがるから、ワイワイ言うわけです。

苦さに関しましてはね、もちろん減らせって言うことも言わないし、かと言って積極的に、酢のようにとれ、とれと言っても人間とらないですよね。

だから、酢などですと、まだ人間多少なじみがありますから、酢を飲むと健康に良いと言うと売れるんです。そうやって宣伝しますけどね。苦いものってのは言っても売れませんからね。あんまり商品化できないわけです。もっとも最近は逆に薬漬けだ、薬のとりすぎだってね、少し苦味が増えすぎるって、これはだけどちょっと苦味が好きでやってるわけではないですよ。

さて、苦さとすっぱさはさておきまして、一番普段の生活で関係を持っております、この甘さと塩からさ、これをちょっと比べてみます。

実は、甘さと塩からさってえのは、人間が最も好み、そうして食生活の中で最も多く使われる味だと申しました。この点は両方共通しております。ところが、しばしば人間がともにそれぞれを感じさせる材料を取りすぎたがる、この点も共通しているわけです。ところが、見方を変えてみますと、ある意味でこれ非常に対称的な味でもあるわけです。対称的な面を持った味であるわけです。まず一つ、さっきおいしいとかまずいには、量比ってものが関係すると言いましたけどね。この量比と、量比に対する人間のなんて言いますか、感じる感度と言っていいかな、鋭敏さと言っていいか、甘さの場合と、塩からさの場合とでは、非常に対称的です。どう言うことであるか、甘さと言いますのは、さっきも申しましたとおり人間が本能的に好きな、ある意味では最も好きな味ですよ。そして、本能的に好きだからこそ、くり返し言うとおり、赤ちゃんがまずオッパイ吸います。だいたい小さい子供って言うのは甘いものが好きですよね。自分はどうも甘いものは苦手で、辛党である、辛党は塩からいんではなくて、こっちの方の辛党ですはねえ、酒飲みでよく言う人がいますけどね。そう言う人だってね、子供の頃はちがった筈です。子供の頃は、幼稚園に入るか入らない頃にですね、だれか大人が坊や又お嬢ちゃんでもいいです。いやー良い子だと、あのーアメあげようとキャンディでもなにかくれようとした時に、キャンディなんていやだ、ビール飲まして頂だいなんて、だだこねた人いるかってえと、いないと思います。

みんな甘いものが好き。で、一番好きなだけに、感度の点においても、人間甘さに対しては鈍いんです。非常に鈍いです。よほど甘ったるいものを食べたにもかかわらず、相変わらず食べ続けるんですよね。それだけ、つまり人間甘さに弱いわけです。だから非常に過剰を起こしやすいんです。相当量が増えても依然としておいしくあり続けるのが甘さなんです。この点、塩からさの方は、そうでなくてどうであるかと言うとですね、ある量までは非常においしいですけれどもね。ある量を越えると逆に、一変して、逆転します。塩っぱすぎて食べれない。あるところまでおいしいんですけど、ある段階を越えたら、とたんに猛烈な拒絶反応が起こります。塩からすぎて食べられないと、その点人間、料理に対して非常に敏感です。

㈢

かつて徳川家康がですね、暇な時に側近の家来たちを集めて、ダベッておりました、ふと思いつめて、この世の中で一番おいしいものは何だろうかと、云ったんてんですね。その家来たち、甘さでございますて云ったらしいんですね。一人の奥女中さんがですね、それは塩でございますと云ったそうなんですね。何故なればですね、その塩が入っていないお料理ってのは食べられたもんじゃあございませんからと。なる程もっともだと、じゃあですね、この世の中で一番まずいものはじゃあ逆になんだろうかい、そりゃあやっぱり塩でございますって云った。

何故かと云えばね、塩が多く入りすぎたり、塩からすぎのはとっても食べられたもんじゃあございませんからと、家康まことにそのとおりであると云ってね大いにほめて、その女中さんにほうびをやったって話があるんですけどね、確かに、そのとおりなんです。塩からさ、度を越したらだめなんです。

昔からこう云うことわざがございます。ぼた餅の塩とですね。それと女の口とですね、これは共通しているってんですね。何故かそれは過ぎたものはどうにも始末におえないって云うんです。始末におえないと。私が云ってんじゃないんですよ。昔からそう云うことわざがあるってことなんですよ。とにかくね、ぼた餅に塩をちょっと入れると、甘みが引き立っておいしいけれど、入れすぎると、どうにも食べられなくなる。女性がいろいろ話すのはですね、ほがらかで、これはいいんですけれどね、それが過ぎたらどうにも取りかえしがつかなくなる、こう云うわけなんです。

ことのついでにぼた餅とおはぎと云うのはね、どう違うか判ってますか？ ぼた餅とおはぎ、ありゃようするにモチ米をやわくついて、完全な餅にしないでですね、まわりにだいたいアンコをまぶしてありますよね。ぼた餅とかおはぎとか申しますけどね。実はちがわないんです。同じなんです。まったく同じなんです。何故二通り名前があるか。

実は江戸時代の昔は、あれが開発されましたときに、あー云うものが発明されましたときにね、季節によって呼び名を分けたってんです。

春に作った場合には、春の花の名前をとって、ぼたんの餅で、ぼた餅とそう云ったというんですね。秋に作ったときには秋の花、萩の名前を取って、おはぎと云ったと云うんです。そして実は、夏作った場合と冬作った場合は、また呼び名を変えたってんです。

夏作った場合は、夜舟と云ったんですよね。それからね、冬作ったときには、あの北の窓とこう云ったと云うんですね。この四通りの呼び名のうち現在ぼた餅とおはぎだけが残ちゃった。で、夜舟と北の窓と云うのはなくなちゃったんです。何故、夜舟とか、北の窓とか云ったかと云うと、こりゃ意味があるんです。ぼた餅とおはぎはそれぞれ、季節の花の名前をなぞらえたんですけれども、夜舟、夜舟ってのはだいたい夏、川で夕涼みなんかする時、夜舟出してこいだり、夏の風物ですよね、そしてどうするか、いわゆる舟つき場に着くときにね、夜舟ってえのはね、スーッと音をたてずに着くんですよ。で、おはぎの場合のいわゆる餅をつく場合ですよね、モチ米をやわくつくわけ、ペッタンコ、ペッタンコとはつかないんですよね、本当のモチつきのようにはモチつきやらないんです。で、音をたてずにつくんだそうです。だから夜舟なんだそうです。音をたてずにつく、これを夜舟と。北の窓は同じ意味なんです。北向きの窓はね、お月さんが差し込まないんですね。ツキが入らない、つまりつかないモチ米なんですね。ツキがいらない。で、北の窓と云ったそうです。

江戸時代って時代はねえ、天下太平が続いたこともありまして、こう云うですね、コトバの遊びと云いますか、一種のコトバの遊技って云うのがね、非常に発達した時代なんです。何で一体、こんなものにこんな呼び名を付けたか、こんな名前を付けたか。首かしげさせるような、しかし、意味を聞いてみるとなるほどなあ、うーんとうなるような、そう云ったいろんな名称ってのが、いろいろと多くできあがっております。

昔の銭湯ですが、こちらがこう、つまり浴室でね、お湯が沸いております。まあ、洗い場がありましてね、こっち側が着物を脱ぐ脱衣場。そうするとその、脱衣場と浴室との間がどんな風に仕切られてたかと云うと、今だったらだいたい銭湯はどこでもガラス戸ですよね。ガラガラと開けますけどね。昔はこうやってね、開けっぱなしなんだけれど、しかし入口がこう非常に狭くて、ちょうどお茶室のにじり口みたいなもんなんです。下の方だけがこう開いてるわけなんです。このところを何と云ったかと云うと、ざくろと云ったんです。何故これをざくろと云うようになったかと云うと。ざくろってえのはこりゃ植物ですよね。これまさに非常に甘ずっぱい。むしろこの場合には甘味よりは、すっぱさの強い、そう云う味のする実が実ります。

昔はわりと日本でもよくざくろの実ってえのは食べてましたけどね、最近ではめったに食べなくなりましたけどね。だからね、くだものっていうより、すっぱさが強すぎて嫌われちゃったんです。あんまり食べない。それからもう一つは、一種毒々しいような赤さって云うのは、日本人はどうも好みませんね。食べものとしてあんまり好まないです。

昔からペルシャつまり、今のイランなんか行きますと、非常にこのざくろって云うのは好まれましてね、結婚式なんかのお祝いの席になると、必ずこのざくろの実とかざくろの花をかざったするんだそうですけどね。さて、このざくろね、なぜざくろ口って云うか。日本では昔から、ざくろの実って食べる他にもう一つ用途があったんです。鏡をみがいたってんです。鏡をね。昔の鏡は何かっていうとガラスではなくて、金属でできてますよね、金属でできてる鏡ってのは、ほっとくとさびるんです。さびないまでも、ちょっと置いてそのままにしとくと、くもっちゃうんですよね。モノが映らなくなりますから、年中みがくわけです。何でみがいたかって云うと、布でみがくわけです。その時にね、ざくろの汁をしぼって、たらしてふきますと、非常にきれいになったってんです。今風に云やあ洗剤として、ざくろってのは必需品だった。それで売られてたってんです。つまり、鏡に必要、かがみに要るってんですよね。ここを入るとき、どうするかって、体をかがめて入らなきゃあなんない。かがみ入る。かがみ入るので、ざくろ口と云うようになった。

こう云う例をあげていくときりないんですけどね。これも今ではなくなってしまいましたけれど、上野から、ちょっと常磐電車で行きますと、今はもう、もちろん都内なんですけどね。三河島って駅ありますよね。昔は三河島のあたりはね、農村地帯でありまして、野菜をたくさん作っておりました。特にね、今では絶滅しちゃったんですけど三河島菜と呼ばれる菜っ葉が作られてたんです。どんな菜っ葉かと申しますと、これも私実物は知らないんです。明治時代にまであってね、絶滅しちゃったもんでね。伝え聞くところによりますと、非常に大きな菜っ葉だったそうです。あのコマツ菜をもっとうんと大きくしたようなやつですわなあ、野沢菜をずっと大きくしたような、そしてゆでておしたしにするおツユのミにしたってぜんぜんだめだった、まさにまずかったと、なぜか筋ばっててものすごくかたかったと。

ところがこの味を非常に引き立てるおいしい食べ方がありまして、それが何であるか、漬け物にするってんです。つまりね、漬け菜であったわけでず。漬け菜なんです。漬け物用、漬け物専門の菜っ葉だったわけです。これ漬け菜とね。さてその頃、三河漬け菜がね、江戸のあたりで漬け物にして、江戸あたりで消費されてたわけですけど、仲のいい男性の女性の仲をね、三河島ってコトバがあったんです。だれかがいつもいっしょにいると。あれ三河島じゃねえかと云ういい方したってんです。小さな子供がですね、幼稚園くらいの子供が、男の子と女の子が仲よしでね、いつもいっしょにいると、大人がひやかす。太郎ちゃんと花ちゃんずいぶん仲いいね。あんたたち今から三河島なんだろう。こう云う云い方したうてんですね。これもそのコトバの遊びの一種なんです。どう云う意味かわかりますか三河島って。三河島の名物はね、漬け菜がたくさんでるいい菜っ葉の漬け物なんですよね。いい菜漬けなんですよね。だからこれを許婚けに引っかけるんです。コトバの遊びですけどね。

さて量比の問題ですけど、量比が非常に関係する、それと、もう一つね。非常に対称的なのは、材料ですね。甘さが何であるかと云うとね、何を通して人間が甘さを味わっているかと云うとね、だいたい甘さを感ずる材料は、そもそも植物にゆらいするものが圧倒的に多いです。最近でこそ、化学物質や化学薬品ですね、サッカリンなんとかありますけどね、昔はこれ、だいたいは植物です。対しまして、塩からさの方はどうであるか、鉱物なんですよね。

で、あれですよね。たとえば、甘さの方の植物ってえのは、具体的に云うとね、どんなものであるかと云うとね。まず昔から今に至るまで、甘さの原材として、植物、人間に甘さを味わわせるものとして最も多く利用されているのは何であるかと云うと、これはもう、サトウキビなんです。甘さってえのは、ある程度化学薬品であるにしても、圧倒的にやっぱりこれは砂糖ですよね、全世界で生産されている砂糖の60%はサトウキビに由来しております。じゃあ、あとの40%は何なのか。サトウキビに次いでね、第二位の植物がある。何と云う、サトウダイコンて云うんですね。この二つがまたね、ともに砂糖の原料、そして実際問題としてどうであるかと云うと、完全に加工して白砂糖にしてしまうと、素人が見ても区別つかないですよね。同じに見えます。ところがそれぞれ作物の性質として見るとある程度ですね、非常に、対称的な点がありまして。サトウキビの方はどうであるかってえとですね。古く見積る人は今から一万五千年くらいの昔ね、すでにサトウキビは栽培されてたんだってことを云っている人がおります。作物の中で最も古い歴史をもってる。ということは、別の云い方をすると、いかに人間ね、やっぱり甘さを求め続けたかと云うことですよね。

　しかしまあ、普通はどう云うかてえと、だいたい今から七千年くらい前に、インドあたりで栽培始まったってことになってますね、サトウキビ、非常に古いんです。対しまして、サトウダイコンてのはどうなのかと、もともと、地中海の近辺にありました野性の植物だったんですけどね、これ、日本語でダイコンと呼んでますとおり、根っこがこう、普通のいわゆるダイコンとは、まったく植物としてはぜんぜん別の種類なんですけれど、根が非常に太くなって、根から砂糖を取るもんですから、まあ、利用のやりかたが大根と同じもんだから、ダイコンとまあ呼んでるわけなんですけどね。ヨーロッパへ行きますと、シュガー、ビートって申しますけどね。この根に、砂糖の原料があると云うことがですね、発見されたのがですね。少し前のようですけど、実際に実用化されたのは非常に新しくて、ヨーロッパで実用化されましたのは、だいたい一八世紀から一九世紀にかけてからなんです。非常に新しい作物です。

それからですね、だいたいサトウキビはどう云うところでできるかって云うと、熱帯ですよね、熱帯、熱いところでできます。だから日本の近辺ですと、奄美大島から沖縄とか、みんなそう云うところで作るし、世界的に見てもだいたい熱帯ですよね。熱帯がサトウキビの産地。片やサトウダイコンはどうであるかと云えば、涼しい土地に適しております。だからヨーロッパあたりでは多く作られておりますよね。日本だとどうかと云うと、日本はほとんど砂糖って云うのは、サトウキビの砂糖で利用しておりまして、サトウダイコンはほとんど利用されておりませんけど、北海道あたりではある程度作られております。

で、実はね、ヨーロッパはどうであったかと云うとね、あの一今で云う中南米の方でですね。あっちの植民地でサトウをたくさん作りましてね、サトウキビ作ってサトウをヨーロッパへね、とにかくに運び込んでいたわけですよね。ところが、フランスでですね、ナポレオンが戦争始めましてね、そしてどうなったかと云うとね、ヨーロッパ諸国がフランスを、ナポレオンの軍隊を封じ込めるために、港を封鎖しちゃいますよね。港を封鎖したらどうなったかと云うと、大西洋を越えて運んで来たアメリカ大陸からのものが、入らなくなっちゃったわけです。

ところが人間てえのは甘さに弱いんです。甘さなくてはいられない。何かかわりに甘みの材料になるものがないかと死にもの狂いで探した結果サトウダイコンをめっけ出したと、新しい作物としてサトウダイコンが作られるようになった。この二つでほとんどまかなっております。あとどんなものがあるかと。こりゃカナダなんかにですね、一部作られる、アメリカ大陸の方に一部ありますサトウカエデってあるんですよね。サトウカエデって木があります。木の幹に傷つけまして、そこからこう汁を取りましてね。蜜をとって利用すると云う、実はこれある程度日本に輸入されてんですよ。サトウカエデの糖蜜ってえのが。糖蜜。何に使われているかって云うとね、ホットケーキの蜜です。ありゃあ。ホットケーキの蜜ね、あの勿論そうでないものもありますけどね、サトウカエデから取った輸入され、使われているのがあります。

それから、こう云ったものはそれぞれ、植物の体の一部分の汁をしぼって、それから、サトウを作ってるわけですけど。もっとちがう利用されるものっていうと、何があるかってえとね、葉っぱ自体を煎じた甘味を味わうって云うのは昔からあります。甘茶ですわね、実は日本ではどうかと云うと、サトウダイコンは非常に新しい。サトウキビの方はと。日本ではサトウキビは、いつごろサトウキビのサトウてのはいつごろから日本で使われるようになったかって云うと、これはあの、戦国時代からあのいわゆるヨーロッパの南蛮船と呼ばれた船がね、始めて日本に運び込んだわけです。それ以前の日本にはサトウはないんです。それ以前はなかったんです、じゃあ甘味は何によって味わっていたかと云うと、一つが甘茶であり、一つがアメなんです。アメね。アメと云うのは穀物を加工してアメを作っておりました。今のキャンデーは、こっちのサトウで作りますけどね。

昔のアメですわね。それからもう一つはハチミツですわね。ハチミツだったわけです。ハチミツは何だ、動物じゃあないか。もとは花のミツですよね。これはね。花のミツをミツバチが自分たちのエサとして集めて来て大事に巣の中に抱え込んだのを、人間が横取りするわけですね、あれわね。横取りしてるわけです。みんなそうです。

と云うことはどう云うことか？　実はサトウてえのは、必ずしも人間生きていく上で必需品じゃあないってことですよね。なくても暮せるんです。平安時代の日本なんてのは別にサトウなかったですけどね、ちゃんと紫式部は源氏物語を書いたんです。なくたっていいんです。これはね。なくてもいいんだけれども、一たん味を占めちまうと、人間なしじゃあいられなくなっちゃうんです。それだけつまりね。人間甘味に対して弱いしね。その意味では完全に砂糖なんてものはね。やっぱりね人間、一たん砂糖の味を占めたら、もうなしではいられなくなる、サトウキビなかったら、ヨーロッパで死にもの狂いでサトウダイコンをやる、どう云うのか。やっぱりこれは一種の中毒だと云ってもいいと思います。そう云う一種の魔力をやっぱり、持ってる。しばしば人間度をすごして、本来なくてもいいものなんだけれども、大好きで。度すごして害を受けると。やっぱりね、かなり砂糖って云うのはね、これ恐しいものだと云うことになりますよね。しかし、恐しいの何のと云ってでも、とにかくね、こりゃあもうなしではいられない。

時間がなくなりましたので最後に致します。塩ってえのはだいたい鉱物である。じゃあ鉱物って、どこから得るかと決まってるじゃないか、海の塩水だろう。実は、もっぱら昔からね、海の塩水から塩を得ておりました。ところがね、塩の手に入れ方としましてはね、海の水から取ると云うのは、一番それこそ不利なね、能率の悪いやり方なんです。

何故であるか、だいたいね、海の水、海水千グラムの中に、千グラムくみ上げましてね、この中でですね、だいたい利用できる塩ってえのはですね、何グラム入っているかってえとね。三〇グラムしか入ってないってんですよね。つまり全体の三%ですよね。三%。とどう云うことになるか。重たい思いをして海の水をくみ上げてね、九七%はいらんものをくみ上げているんですね、これはね。だからね九七%のいらんものをどうやって、排除して最後に塩を残すかってのが、他ならぬ、製塩業なんですよね。塩を作る、塩作りの技術なんです。塩作りの、昔から、この能率の悪いやり方苦心さんたん、重い思いをして海の水くみ上げてですね、そうしてその大部分を何とかして、そこの折角くみ上げたものをまた、おい払ってですね、ほんの一つまみの塩を残す。どうやったら、少しでもそのやり方が能率的にできるかと云って苦心さんたんしてきた、これが他ならぬ日本の製塩業の技術の発達だったわけです。

製塩技術の研究とか、製塩技術の進歩ってのは、その九七%のよけいなもの、これをね主なものは水分ですけれどね、どうやったら手軽に、能率的に、振り捨てることができるか、この技術だったわけですよね。この技術。今でもそれ、やっぱりやってるわけです。じゃあもっと能率的な塩の取り方はないのかと。あるんです。どう云うのがあるのかと。岩塩て云うんです。

岩塩ですね。塩の固まりがね。山の中に一種の文字どおり鉱物鉱脈として、石炭や金やなにかがうずまってんのと同じように、山の中にうずまってんです。そして、岩塩を掘り出す。するとこれは大部の不純物、夾雑物が混じってます。それをのぞけば大部分は、そのまま使えるんです。掘り出したものが。これはね、非常に能率的です。

それで、どうであるかと云えばですね、実はですね、アメリカとか、アフリカ、ヨーロッパあたりはね、ほとんど塩ってえのは岩塩から利用しております。だから塩ってどっから取って来る、海の水だってのは日本人の常識ですけどね、世界的に見たらどうであるかってえとね、むしろこれは例外でありまして、山から取ってくるってのが常識なんですよ。だいたい世界の塩の三分の二はね、この岩塩の利用だってことになってます。何でそんな能率的なものがあんのにね、日本でやらないのかと。理由はまことに、簡単、明解です。日本にはいくら探しても岩塩がないってことなんです。昔からなぜか、日本の山には岩塩がないんです、昔から塩の固まりがですね、土の中にこう固まってるってのはないんです。

だからしようがない。非能率的な海でやってる。もう一つね。岩塩に比べたら能率悪いけど、海の水に比べたらもう一つ能率がいいってのがあるんですよね。それはどう云うのかと。周りを陸地に囲まれた湖なんだけれどもね。湖ができあがったいきさつから、ものすごい塩分が融け込んじゃってるって湖があります。塩湖と申します。これはね、三グラムじゃないね、もっとパーセンテージが多いんでね、海の水よりいいんですけど。これもね、日本にはないんですよね。

これの一番代表的なのがどこであるかってえとね、あのイスラエルの方にある死海って海がありますね。あれ塩湖の代表です。死海ね。何故死海と呼ぶかと。あんまりにも塩分が濃すぎて、魚が住めない。生き物がいないからだと。

塩と砂糖をとりましてもですね、時間がありませんでしたので、塩と砂穂の比較ほんのちょっと、入り口の部分だけをほんのちょぃと触れただけですけどね。

じゃあこれで終らせていただきます。

食物が歴史を作る

本日の講演題目を「食物が歴史を作る」と付けたわけですが、食物が歴史を作るのか？　食物が歴史を作るんです！

普通の歴史教育では、これをあまり取りあげないんです。何故かと云いますと、洋の東西を問わず、だいたい人間は、自分はえらい立派なんだと思いたがりまして、餌《えさ》の支配なんかうけないと、そう思っております。

餌に左右されて、行動様式が支配される、規制されるのは他の動物の話だ。人間は特別なんだ。実際には食物の影響を相当受けておきながら、何か、あえてそれを無視するという歴史観といいますか、歴史の観方がある。しかし、調べてみますと、食物の支配を受けているんです。

人間というのは、けっこういじ汚ない。ところがそういうことをあえて無視するもんですから、一方ではそういう問題をめぐりまして、西洋人はそのまま凶器になりうるようなナイフとフォークで血のしたたるようなステーキにかぶりついていて獰猛《どうもう》である。

日本人は木のハシで食べているのでおとなしいといわれる。

たしかに日本の歴史と西洋の歴史と比べますと、西洋人は年じゅう戦争をやっている。血なまぐさいのであります。

ところどころに、芝居の幕間の休けい時間みたいに平和がはさまっている。そのあとは年中戦争をやっている。

日本の歴史をみてみますと、天下泰平の時代は長いのです。ところどころに酔っ払いのケンカみたいに戦国乱世がはさまっている。

そういう状況をみてみますと、西洋の方が獰猛《どうもう》で日本人の方がおとなしいような感じがするんですが、だからと云って、ナイフとステーキ、ハシと野菜のちがいかどうか、それはよく判らない。

判らないんですけれども、皆んなそういうことを無視して、間違いとはいえない。何故ならそういう研究も分析もやっていないから間違いという証拠がない。

こうしてあやしげな説がまかり通ることになるわけです。

いったい食物が歴史を作るというのはどういうことかと云いますと、まず人間は味にとりつかれます。

そうしますとこれを食べつづけたいという欲求にとらわれます。

こういう点でいいますとあらゆる食物は、程度の差はあれ、人間は一度味をしめますとそれから離れにくくなる。

やはり広い意味で中毒する。食物は中毒するという要素を持っていると思います。そこで何とかして、それを手に入れようと努力する。手に入れつづける為にはどうしたらいいか。その為には有利な方法がある。

それは続けていこうということになる。

ではその有利なやり方、それは人間の生活様式、生活態度というものが自ら枠をはめられてしまう。つまり決められてくるわけです。

自分は意識しなくても、何で自分はこんな習慣をつづけているのかと、何でまたこういうことを正しいと皆んな思ってやっているのか、これを探っていきますと、その根源にはその食物を手に入れたいという欲求がある。

特定の食物の魅力にとりつかれたその結果である。こういうことがけっこうあるわけであります。

例えば、日本の場合はどうかといいますとこれはやはり何と云っても「米」であります。

日本人があこがれつづけてきたのはお米であり、稲という作物であります。

よく日本人はお米を食べた、食べたと云いますが、日本人はあまりお米を食べていなかったんではないか。イモだとか粟、ヒエといった雑こくを食べていて、お米はそう云うほど食べてはいなかったんではないか。

それはどういうことかと云いますと、日本でお米が作られるようになってから永い間、食べたいだけ食べ、たらふく食べられる状況ではなかった。

つまり、米の生産が消費に追いつかなかったわけであります。

こういう状況が何千年もつづいたのであります。だから米だけ食べるわけにはいかないので、他の物を食べていたのであります。

稲のふるさと

お米は何時ごろから日本で作られたかまた稲のふるさとは何処か、どんな風にして日本まで運ばれてきたか、これは実際のところまだはっきりしておりません。

学問と云うものは、よく判らないものを、努力して、判るようにすると云うのが学問の研究であると、たしかに大筋ではそうなんですが、細かく見ますと、かつては、これの答はこうである、もう判っていたと思われていたことが、研究が進むにつれて、これはどうもおかしいのではないか、いままで正しいと思われていた答が実は、あやしいのではないか、間違っていたのではないか、という疑問がよくあります。

では、その疑問に応える正しい解答はどうかと申しますと、簡単には出てこないわけであります。

学問が進歩してまいりまして、判っていたと思われていたことが判らなくなる。

稲の研究というのが、まさにこの典型であります。

一昔前までは、答は出たと皆んな思っていた。稲という植物はもともとインドで発見されたもので、それが中国に渡って、アジア大陸を北進する。それがどうやって日本列島に渡ってきたのか、いくつかの説がありますがこれはまだ判っていない。日本に渡ってきたのは、ほぼ二千年前である。日本の農業はお米とともに始まったのであると、こういう定説が出来あがっておりました。それが、歴史の研究、考古学の研究が進むにつれて、稲のふるさとは何処であるかという説があやしくなってきた。インドの熱帯の沼地であるという説、それから日本に稲が伝わってきたのは二千年前ではなくもっと前ではないかという説もでてきた。稲がつくられる前、日本にはサトイモとか大豆を中心にした畑の農業がすでにあった。

このように、稲の基源というものがぐらついてきて、ややあやしくなってきている。ただ、たしかなことは、稲はもともと日本にあったものではないということです。稲は何千年か前、海外から来たものである。これはだいたい定説といってもよいでしょう。日本では何千年かの間、稲はあったのだが常に足りなかったのであります。何とかしてお米を沢山採りたい。食べたいだけ食べられたらどんなにいいだろう。その為にはお米の増産をやらなければいけない。

どうやったら稲はうまく育ってへ増産出来るか。それができれば良い事であるわけで、これが日本人の生活態度、慣習といった規制をすることになる。

極端な云い方をしますと、日本人の考え方や生活習慣において大きな影響を及ぼしたのはお米である。

そこで永年の願いがかなって、どうやら、生産と消費、これがトントンになった。それは何日の事かと云いますと一九六五年、昭和四〇年のことであります。

まさに数千年にわたって、民族的な悲願が実現したわけであります。

ところが、その後どうかと云いますと、あれよあれよという間に、生産と消費の関係が逆転してしまった。

それでお米が余ることになる。ところが、そういう事態になる事を予想していなかった。にわかにお米が余ってしまった。お米が余って滞るということくらい始末におえないことはない。余った米を前にしてどうしていいか判らない。

それで現在（一九九九年）国をあげてどうしたらいいか判らず、オタオタしている。

そこでツジツマ合せに作る方を減らせということでお米を作らないようにする。つまり減反、休耕田をつくることになる。畑を休耕するのにわざわざ補助金を出すといったことになった。どうすればいいのか判らない。

先ほど稲の原産地が判らないと申しましたが、ひとつたしかなことは、熱帯でずっと作られていた。熱帯という環境に合うように、出来あがっている。

つまり熱帯性の作物である。生物と云うものは、どういうものであれ、育つのにふさわしい温度を持っている。それを成長適温と云うのです。

稲にも当然成長適温はある。では稲の成長適温はどれくらいであるか。これは約三十二度C。これが稲の成長適温であるわけです。

日本で三十二度と云えば、真夏のもう暑ですよね。これは完全に熱帯の状態です。

さて日本は温帯ですよね。もともと熱帯の稲、温帯の日本、日本列島は稲作に適した土地ではありません。ずばり云って適地ではない、非適地なわけです。

しかし、非適地ではあるが、やり方によっては稲は育つ。稲の魅力にとりつかれた日本人の先祖は、稲のどこを良いと思って、とりつかれたか、これは今も謎なんです。これは判らないのです。

稲は他の作物に比べておいしかったから、とかいいますが、おいしいとかまずいと云うのはなれが関係する。なれたものがおいしい。

はじめて稲が日本に伝わった時から日本人の先祖がごはんがおいしいと思ったか、これは疑問なわけです。

また、土地面積あたりの収穫が多い。だけど、長い間稲が一番重要な作物である、主作物として他の作物以上に沢山収穫しようという努力をした。こうした努力の結果収穫量がふえた。

稲が日本に来た時に、そんなに収穫があったとは考えにくいのであります。

とにかく、このへんのところはよく判らないのです。ただ、稲の魅力にとりつかれた。

日本は温帯ですが、一年中温帯と云うわけにはいかない。日本列島は季節によって、変動があります。つまり、季節によって環境が変わります。

例えば冬、これは寒冷地帯であります。ところが夏の数カ月は、日本列島は熱帯です。しかも夏の数カ月は昼・夜をわかたず熱帯であります。

昼間は云うに及ばず、夜も熱い。大陸の方例えばシルク・ロードなどは、昼と夜の気温の差が激しい。そういうところでは、具合が悪い。

もうひとつ稲の生物としての特色、非常に際だった特色、それは大量の水を欲しがると云うことです。

水なしで育つ作物はありませんが、稲はずば抜けて水を必要とする。

だとするとどういう事になるかと云うと、他の作物は、畑でも育つが、稲は田んぼである。畑と田んぼの違いはどこにあるか。それは持ち込まれる水の量であります。

水が全部土地に浸みこんだ状態それが畑です。水が浸みこんで、土からあふれた状態、これが田んぼです。

熱帯の問題点は水であります。水さえ確保できれば、年中熱いですから、一年中稲を作れるんです。

ですからこっちの田んぼでは田植えをやっている、隣の田んぼでは刈り入れをやっている。熱帯ですとこうゆうことができる。

日本ではこれは無理であります。つまり、日本列島が熱帯と同じになる夏の数カ月間で稲の成長期がぴったり合うように作らなければならない。

さて、そうする為にどうしなければならないか。まず苗を育てなければならない。苗を育てるには稲の種まきをやらなければならない。みんなそれぞれに、何時やったらいいかという農作業の時期が決まってくる。

熱帯ですと種まきが十数日遅れたとしますと稲の苗が育つのが十数日遅れる。それから田植えをします。これも十数日づつ遅れる。当然、収穫も十数日遅れることになる。

熱帯の場合は、これで充分なんですが、日本列島の場合、最初の十数日遅れますと、稲が完全に育ちきらないうちに、夏が終る。

そうしますと稲は育ちきらずに、収穫期を迎える。そうしますと皆無とまではいかなくとも大巾な減収となる。いわゆる不作ということになるわけであります。

ではそうならない為にはどうしたらいいか、まず、苗代で苗を育て、田んぼに植えかえる。いわゆる転地の時期が重要になるわけであります。そんなもの何でもないじゃないか、カレンダーを観ればいいじゃないかと、何月の何日頃に種をまく、苗代の準備を何月の何日ごろ始めたらいい。

実は、これがそう云えるようになるのは、明治以降の話なんです。

西洋から伝わりました現在使われている日付、太陽暦、これの日付けが大変良く出来ている。

月日というものが、季節とうまく合致している。例えば四月一日と云えば、春の最中であって、桜が満開になり、お花見の頃と云うことになる。

九月の上旬と云えば、台風の季節となる。ですから、カレンダーに合せて農作業をやればこれならうまくできるわけであります。

明治以前の、太陽暦がなかった時代、もちろん当時も日付はありました。

その頃の日付は旧暦といいまして、毎月、月日と季節が一致するとはかぎらなかった。

こよみの上では同じ四月なのに、土地によって季節によってズレが発生する。だんだん四月なのに熱くなってきたり、あるいは逆に寒くなってきたりする。

どうも日付はあてにならない。ところどころ日付を調整しなければいけない。さあそこでどうすればいいか。目安になるのが自然の風景であります。

自然の風景にたえず注意を払い、自然の風景の微妙な変化をめざとく見付ける。

暑い暑いと思っているが、秋はすぐそこまで来ている。まだ寒い寒いと云っているが、もう春は目前に迫っている。春の支度に掛らなければならない。

季節の移り行きを目ざとく見つけ、これを先取りする。こういうことを皆んなやったわけであります。まず第一に、これは日本人に非常に大きな影響を及ぼしております。どうゆう影響かと申しますと、日本人は季節に対する関心が非常にたかいのであります。しかもその季節の移ろいの何に関心があり、何によって把えるか、また何によって現わすか、それはだいたい自然風景であります。

季語と農業

日本人はこうした習慣というものを続けてきたのであります。

例えば、日本の文学・芸術作品は季節を主題にした。とくに和歌だの俳句の場合はけんちょであります。

主題、これは季節を題材にしたものは非常に多いのであります。

和歌や俳句の場合、この季節を何によって表現するかと云いますと、これを表わす言葉があるわけです。

つまり、これは季語と呼ばれるものであります。

ではこの季語と云うのは何であるかと申しますと、だいたい自然風景であります。

日本人というのは伝統的に、花鳥風月を愛すると云う優雅な国民性を持っていると云われますが、実は、これはどれも季節の変化を告げしらせる合図であったわけであります。

それで皆んなの関心が高いわけであります。

まだ、あたり一面は冬状態で雪が残こっている、枯野原である、そのなかで、わずかに植物の芽ぶきを目ざとく見つけ、春の訪れを把握する。

私は専門ではないので、この点について専門家にうかがいましたところ、俳句として、認められるには、必ずどの季節の句であるかを示してないとその価値が認められなかったそうであります。

古池や　蛙飛びこむ　水の音

と云えば蛙《かわず》が季語になっているわけです。

少なくともかえるが出てきて活動しているのは冬ではない。冬は、彼等は冬ごもりをしております。

古池に氷がはって、霜が降りているということはないのであります。

古池の水がぬるむような状況が蛙一語で表現されている。

芭蕉の句でたったひとつ季節に関係のない俳句があるというのですが、お判りでしょうか。

実際は芭蕉の句ではないそうなんですが、

松島や　ああ松島や　松島や

これは唯一の例外で、季節とは関係がないそうであります。

日本人は、何でこう自然風景に関心が高いか、これはやはり、農業の永年の経験、伝統がもとになっている。

米づくりの伝統が、民族気質《かたぎ》を培かってきた。

自然の風景によって、季節をとらえる。

それを自然暦、あるいは自然ごよみとこう呼んでいる。

自然の風景、こっちの方が農作業に役立っていた。

なかんずく、自然暦のなかでも最もよく使われたのは、生物の動きなんです。渡り鳥が来るとか、新しい草の芽が生えてきたとか、特定の花のつぼみがふくらみはじめたとか、自然暦のなかで、これを動物暦と呼んだのであります。

日本の各地に、駒ヶ岳と呼ばれる山があります。何で駒ヶ岳と呼ばれるようになったか。もちろん、それぞれの山で違うのですが、山の頂の形が馬に似てたとかありますが、やはりこれもひとつの自然暦だったわけです。

雪が積もる、その雪が春になるとだんだんとけてきまして、残った雪の形がちょうど、馬を連想させる。

それがふもとの人々にとって、自然暦、自然ごよみであって、これを目安に農作業に取り掛る。

また別の土地では、雪がとけて、地肌がでてくる、この地肌のかっこうが馬に似ているのを目安にして農作業を始める。

駒ヶ岳という山の呼び名は、こうしたことによるものがわりに多い。

さて、農作業の適期をのがさないこと、これは増産につながるわけですが、あんまり、人間の手をかけなくとも増産は保障される熱帯地これを粗放栽培と云う。

労働集約型としての農業

また、細かいところに、手を掛け、気を配るのを、集約といいます。この集約的なやり方、集約的な農法、これが増産につながる。こうなりますと、人間は勤勉でなければいけませんよね。勤勉であることによって、お米の増産がもたらされる。お米の増産はよいことである。そうしますとお米の増産をもたらす勤勉も善であると云うことになるわけであります。

日本人は、世界に冠たるよく働く民族である。かつては勤勉の民族であると呼ばれた。これはやはり、熱帯の作物である稲を温帯の日本で育て、増産を図るということによって出来あがった習性であろうと思います。勤勉は無条件に善であるという倫理観がうまれることになる。

例えば、ここに土地があって、その土地の生産量が一俵として、手間、暇を掛けて、その生産量を三にまで引き上げたとします。その手間を倍かけて三倍に生産量を伸ばしたとすれば、その手間の効率は、一・五倍ですから効率は低下したということになります。

これを経済学の用語で申しますと、土地生産力、土地生産性は高まったけれども、労働生産性は減少した、低下したというような云い方をします。しかし、日本の米づくりの場合、その手間当たりという点には目をつぶって、土地面積あたりを増やすんだ、この一点張りでやってきたのであります。

結果的にはどうなったかと云いますと、労働は、勤勉であることは善であるがどうも、これをロス（消耗）とは考えないで、やみくもの勤勉さが良いのだ。だいたいこういうことになってしまった。

やはり、これもお米づくりから生じた倫理観であったと云ってよいと思います。

では外国の場合はどうであるか？

合理主義者二宮金次郎

例えば、こういう話がある。一説によるとアメリカ人、またはドイツ人の夫婦が日本に来た。日本人が案内して国内を観光旅行をした。その時八月に富士山の近くまで行った。そうしますと、富士山のふもとのところに、薄の穂が風に吹かれている光景を見て、日本人のガイドが〝ああもう秋だ〟と云った。

そうしたら、その外国人は、がんとして認めなかったそうであります。

〝何が秋か、まだ夏ではないか！　太陽はさんさんと照り、こんなに暑く、汗をかいているではないか。何が秋だ、夏ではないか〟と云ったそうです。

日本人は、薄の穂が風にゆれているという一瞬を見て、季節の推移をいち早く感じ取るのであります。

そのあたりが西洋の人には通じなかった。

それから二宮金次郎の銅像であります。

かつては手本は二宮金次郎と云ったのでありますがまきを背負って一生懸命本を読んでいる。これを手本にしようと。ところが、これを見た外国人が云ったと、〝何と効率が悪い男だろうか〟

〝だいたい荷物を背負って本を読むなど、これでは荷物を運ぶ速度は鈍り、本の内容だって頭に入らないだろう。第一眼を悪くするじゃないか〟と、こんな人物を何故日本人は尊敬するんだとけげんな顔をしたそうです。

この二宮金次郎と云うのは、幕末期を代表する非常に優れた思想家であり、また農村指導者であったと思います。

私はそう思っております。ただこれくらい明治以降、当時の道徳教育、いわゆる修身の教科書を通して、これくらい歴史上有名になった人はいません。

また、これくらいゆがめられて有名になった人もいません。

二宮尊徳と云う人は、日本人に珍らしく、労働の能率、効率を重んじ、非常に合理主義の人でありました。

ところが、そこのところはあまり注目されずに、子供の頃のエピソードが切り取られ、何ですか偶像化された。

さて、日本人はやみくもの勤勉は善である。これの象徴がこれです。だいたい日本の米づくりの歴史を見ますと、特に江戸時代は、細まかいところに手を加え集約度が高まってきている。

集約度が高まるにつれて土地面積当りの収穫量は高まってきている。つまり目標が実現されている。誰だって、やる気があって、努力すれば目標は達成されるのだと云うことになる。

やはり、日本人の人間観と云いますか、勤労観と云いますか、これはやる気なんです。二宮金次郎の場合、重い荷物を背負いながら、さっさと歩いて、本の内容だって頭に入る。眼を悪くする、病は気から、たるんでいるとそういうことになる。はりきってやればどうにかなる。これが当時の日本人の考え方。

のちの二宮尊徳の記録をみますと、彼は、身長は約六尺あった。体重が約二十五貫あったという実に堂々たる偉丈夫であった。

六尺ですと一八二センチメートルですよ。今だったらほっといても幕の内力士なんか楽につとめられそうな立派な体格の人だった。

幕末期の日本人は全体的に云えば、小さかったようです。日本人の体というのは、時代によって、大きくなったり、小さくなったり繰りかえしてきたようです。

例えば、戦国時代の日本人は、身体が大きかったとされている。これは実際、裏づけがあります。東京タワーの裏に、芝の増上寺という寺があります。あそこは徳川将軍家の菩だい寺ですよね。歴代将軍のお墓があって、これがすべて土葬なんです。第二次大戦後にこれが発掘され、その調査に加わった人から聞いた話なんですが、二代将軍秀忠、家康の息子です。将軍としては父親の陰にかくれてあまりパーッとしなかった人ですけれどもお墓を発掘して、出てきた秀忠の遺骨は、実に堂々たる偉丈夫だったそうです。

ところが徳川家も代々進みますと、将軍の遺骨は小さくなっているそうです。しかも骨がもろくなってきているそうです。二代将軍の遺骨がしっかりしているのに、後の将軍たちの骨はボロボロになっていたそうであります。

戦国時代の記録を見ますと、秀忠が特に、立派な体格であるとは記されていないわけで当時はごく普通の体格であったようです。

現在、下関に高杉晋作が着用していたというよろいが保存されている。博物館にありますが、これは非常に小さいです。子供の七・五・三に着るんじゃないかというくらい小さいものです。

それから幕末の薩摩藩の殿様で、名君といわれました島津成彬という殿様がおります。

これは、記録によりますと、押し出しのよい立派な体格であったと書かれています。堂々たる体格の人だった。この島津成彬がはいていたというハカマが、これはどういうことですか、島津本家ではなく分家に残こっているんです。私が鹿児島にまいりました時に、いたずらして、はいてみたんです。これが、ツンツルテンです。非常に短かいハカマです。これは成彬の子供の頃のハカマじゃないかといいましたら、いや大人になってからのハカマであると云ってました。

そうしますと、立派な堂々とした体格だったと書いてあるところから判断しますと、当時の日本人は小さかった。

こういう時代において二宮尊徳はズバ抜けての大男だったと云えます。これが農村指導者として、非常に有利な武器になります。やはり見るからに人を威圧する貫禄があったわけです。二宮尊徳という人は、もしそのことを説明したら、能率が悪いと云ったそのアメリカ人は納得したかもしれません。

ただ、修身の教科書なんかにはそういうことは書かれていない。二宮金次郎の銅像なんか見ますと、そう大きくはない。ごく平均的な身体につくられている。

西洋と日本の労働観が象徴されていると思われます。

欧州の「苦い米」

さて、日本といえば、米である。野菜を多く食べる。これに対して西洋はどうであるか。だいたい小麦から作ったパンである。

それから動物の肉を多く食べる。日本人は、特に明治以降、西洋のマネをして同じようなやり方を取り入れることが近代化であり、文明開化である。西洋を手本にする。

ところがその頃に、見落していたことがある。それは何であるかと云いますと、それは日本と西洋は自然環境が違うということです。

最近は、海外へ旅行する人が多くなりまして、仕事の関係でヨーロッパなどへ出掛ける。日本は秋だけど、ヨーロッパは寒いので、冬仕度をして行かなければいけない。こういう体験をされて、日本よりヨーロッパは寒いところであると皆さん判っておられる。だが明治の頃は判らなかった。

だいたいヨーロッパの中心と日本の中心は何等変わらないと思っていた。

さて、自然環境が変わらなければ、同じような作物が出来る。同じような農業がやれる。にも拘らず、作られる作物が変わっている。

結果的に農業が変わって、それによって、食生活が異なる。何でこういうちがいが生じたか、同じことがやれるのに、なんでちがったやり方をそれぞれがしちゃったたか、で当時の日本人は、向こうは先進国、こっちは遅れているというコンプレックス、劣等感がある。

そこでパンと肉食はすぐれた食生活である。日本は米と野菜を食べている。これは遅れているのだと思っていた。

そのことを日本人は気づかずにいた。

こうしたコンプレックスが明治以降生じてくる。じゃ、パンとステーキに切り替えるかと云いながら、しかしやっぱりお米でないと物たりない。劣等感を抱きつつお米にこだわりつづける。

もともと何でこういうちがいが出て来たかと云いますと、自然環境のちがいなんです。日本と西洋の位置のちがいは、地球儀を見ればすぐ判るし、世界地図を見れば判る。ヨーロッパの中心から辿ってくると日本のどのあたりに行き着くか。ヨーロッパは、はるかに北に寄っているわけです。

それは簡単に判る筈なのに、日本人はあまり注意をしなかった。

やはり人間は、一度おもいこんでしまうとあるものが見えなくなるということは云える。

例えば南欧のイタリアローマは、北緯で云うと約四二度になる。

もう少し北へ行ってフランスのパリは北緯四九度です。さらに北へ行きますとロンドンこれは北緯五一・五度なんです。ベルリンが五二・五度。

これが日本列島だとどこにあたるか。日本列島の緯度がどれくらいかご存知ですか、これはあまり考えてない、意識していません。この意識しないのはけっこうなことかもしれません。もっともこの緯度だつて、人間が決めたことです。赤道と同じように、これが話題になり注目を集めるのは、これが国境線に使われ、それがもめる時であります。

朝鮮半島の三十八度線とか、日本人でこの緯度を意識したのは、北緯五〇度、これはロシアと日本の国境線、カラフトの真ん中。

日本列島の中心はほぼ北緯三五度なんです。

ですからヨーロッパはほとんど日本列島に比べ北方に位置しているわけです。日本より気温は低い。しかも暑いという期間は短かいこういう土地では、もともと熱帯の作物である稲は作れない。皆無ではありません。ところどころで稲は作られています。海流の関係や海の潮の関係で、ヨーロッパでも部分的に温度の高いところはある。

ロシアの黒海というところがありますが、あの沿岸あたりでは稲は作られています。ですからロシア料理の中に米が使われているものがある。

イタリアの南の方へ行きますと、米は作られている。

憶えておいでかでしょうか、一九五〇年代に日本で公開されました、イタリア映画で「苦い米」というのがありました。白黒の映画ですが、これが名画というのでテレビなんかで放映されることがある。これはイタリア南部の米作地帯の話です。

米作りの話よりも、主演女優のシルバーナ・マンガーノ、これはマリリン・モンローの大先輩みたいなお色気女優で、これが大変話題になった。

ヨーロッパが米を主産物とすることはありえない。自然環境からして無理なんです。

麦と西欧人

それでどうなったか。ヨーロッパの主作物は小麦ということになった。小麦の原産地は、日本より南なんですが高冷地なんです。涼しい場所なんです。

小麦は、大麦も同様なんですが、日本では冬の作物として作られた。秋に種をまいて、冬を過し、初夏の頃に、取り入れる。だから麦秋というのは、夏の季語であります。

同じような自然環境の作物、大麦もそうです。では何故大麦ではなく小麦を主作物に選んだか、これはよく判りません。

生物の体をつくる物質としてタンパク質というのがある。ただ、タンパク質と云っても種類がいろいろありまして、人間の体には、人の体特有の種類のタンパク質、人体タンパク質です。これは何から作られるか、これは食べ物から作られる。

ところが、食物によって、人体タンパクになりやすい食物、なりにくい食物がある。

他の栄養分はおいて、タンパク質に関するかぎり、栄養価の高いのとそうでないものがあるわけです。

人体タンパクになりやすい食物は何であるかと云いますと、これは肉類です。これは同じ動物ですから、魚肉でも動物でも、ほぼそのまま人間のタンパク質として生かされます。ほぼ一〇〇%生かされます。ミルクは、ほぼ九六%以上。

植物では、お米は人体タンパクを作りやすくほぼ九〇%ということになっている。これを専門用語で、生物価、生物価が高い、低いという云い方をする。

小麦はこれが低くて約三五%、いかにも低そうに見えて、生物価は七九%。そうすると、どういう事になるか、小麦だけでタンパク質を補おうとするとべらぼうに沢山食べなければならない。だいたい大型の食パンを六斤食べないといけない。そうしないとタンパク質不足になってしまう。

これじゃ胃袋に入りきらない。お米の方は九〇%ですから、一升飯でちょいとオカズをそえてかきこむ、これで大丈夫。

でどうなるかというと、生物価の高いものと併せて食べないといけない。これが肉食、ミルクを多く使用するという西洋食にならざるを得なかった。

ですから、先進国であるからとか云う話ではないのであります。

保存食としての牛肉

さて西洋でも食物が歴史を作った例、典型的な、歴史をゆり動かした例を紹介します。

こうして、西洋人は昔から肉を食べてきた。とんでもない、西洋に於ては、動物の肉は大変なぜいたく品であった。

日本は明治になって、西洋料理と云うのを輸入します。いわゆる洋食ですね。日常の食べ物ではなく、ゼイタク品として輸入したわけです。だからかつては西洋料理を食べるといえば、これは上流階級だけであった。

しかも上流階級の人が日常ではなく、特別の時にだけ食べた。

これはどういうことかといいますと、当時の日本に西洋料理のもっともゼイタクなものが入ってきたのであります。

これが日本に於ける西洋料理のイメージを決めてしまった。

だから仔牛のステーキなんて最高級品です。ゼイタクの中のゼイタク。

何とまあゼイタクな事よ、これはとんでもない間違い。

家畜を飼うのは手間が掛るし、年数も掛るしかも途中で病気で死んだり、つまり必要経費がかかる。

それをすぐに食べてしまう。そんなゼイタクは出来ない。牛とか馬のオスの大型家畜の場合は労働にこき使う。メスの場合は、徹底的にお乳をしぼる。だいたい肉ではなくミルクでタンパク質を補う。

この乳を食べのばさなければならないので保存させるにはどうしたらいいか。そこで、バターとかチーズにする。これらはミルクの保存食であった。

老いてしまって役に立たなくなってから、はじめて肉を食べる。

しかもこれが貴重品。これを保存する為に干し肉にする。もう一つが塩漬けにする。

この塩漬け肉、干し肉もそうですが、ものすごく臭気がする。

これは私自身知りません。日本にはこういう臭気ぷんぷんの肉はありません。

スペインの闘牛、あれは新鮮な肉が手に入るので闘牛場の裏には押すな押すなの人の群が出来る。肉とはそういうものとして食べていたのです。

ところがそこへ、アジアから、ヨーロッパとアジアをへだてている間、そこにアラビアがあった。

世界史で呼ばれていた中世、アラビアは全盛時代を迎えていました。サラセン帝国なんぞが出来ていた。当時のヨーロッパは完全なへき地、このへんの事情についても日本のヨーロッパに対する知識は片寄っております。

西洋史の錯覚（十字軍とアラビア）

日本への世界史の知識は、明治以降、西洋から入ってきた。西洋の学者が日本人に教えた。世界史と呼ばれる日本人の授業は、西洋史と呼ばれていた。現在の高校の世界史は、実は西洋史であります。

つまり、西洋史とは何であるかと云いますと、これはヨーロッパの人が、自分たちの歴史を教えた。彼等から見た歴史を教えたのであります。ヨーロッパの歴史です。ヨーロッパのだから主人公は常にヨーロッパ人なんです。日本人は世界の中心はヨーロッパだと錯覚したのであります。

実際はそうではないのであります。

ヨーロッパの古代とはどこであったかと云いますと、今よりはもっと東南のオリエントであります。

ヨーロッパはまだまだ原始的な暮しをやっていた。

そして中世、にわかにヨーロッパが舞台の中心になる。古代に盛えた文化がおとろえたこれはちがうのであって、古代が暗黒時代というのはヨーロッパ中心の見方なわけです。

はるか東南で興ったキリスト教がヨーロッパに伝わってきて、中世が夜明けの時代なんです。

そして以後、ルネッサンスを経て、近代に来るわけです。

この中世を暗黒だ暗黒と云っている時、一方では、ヨーロッパ以外に目を向けるとアラビア全盛時代です。ですから当時ヨーロッパにはなかったような「千一夜物語」なんかがうまれているわけです。

先進国ですから商業活動も盛んなわけであります。でアラビアの商人たちが、アジアに行って、アジアの産物を持ってきて、その一部をヨーロッパに持って行く。その中にこれがあったわけであります。

それはスパイスであります。香辛料、なかんずくコショウなんです。

これがヨーロッパで大変に価値を持つわけであります。

これは日本では経験がないわけですから、私も本で読んだだけでありまして、ビーンと来ないところがある。

塩づけの肉、干し肉これをコショウでまぶすんだそうです。臭いですから、肉のコショウ漬けをつくるんだそうです。

こうしますと臭いが抜けて肉が非常においしくなる。

さあ、そこで中毒しちゃう。味しめちゃったんです。ヨーロッパの王侯・貴族が味をしめちゃった。一度味をしめますと、知らなかったうちはいいんですが、一度味しめちゃいますと、おいしい、そこでとりつかれてしまうわけです。

もうこれ無しではいられなくなる。

何とかしてこの胡椒を手に入れつづけたいと、おいしい肉を食べつづけたいと思うわけです。

胡椒はアラビア商人から買う以外にないわけです。

そこにつけこんで暴利をむさぼったわけであります。

今は、胡椒は粉になって売ってありますが、もともとは豆粒のようなものですが、この豆粒のひとつが高値で売られた。さすがにヨーロッパの王様たちは危機意識を持ちはじめる。

金、銀財宝がアラビアへ流れていきますから。

しかし、一度味をしめますと、あの臭い肉には戻れないのです。

ところが、アラビア商人もついつい口をすべらせてしまう。

こんなもの東洋へ行けばタダ同然で手に入るんだと、王や貴族は何にも知らない企業秘密をバラしてしまうわけです。

情報が流れてヨーロッパの殿様たちは何を考えたか、胡椒を安く手に入れたい。しかし間にアラビアがいて、金、銀、財宝が流れ出てしまう。ふとどきなのはアラビアの連中である。これを排除して、自分たちが東洋と直接取り引きをすれば、安く大量に手に入る。そうしたいが、アラビアが簡単に手を引くとは考えられない。

でどうするかといいますと武力で追い払う。おりからヨーロッパのひとつの中心でありますところのローマカソリック教会です。ここの一番上の人がローマ教皇、俗にローマ法皇と呼ばれている。正確にはローマ教皇だそうです。

ですから法皇庁ではなく、教皇庁である。この頃、中世の半ばローマ教皇にやり手の人が幾人か出ている。

それでローマ教皇庁の勢力範囲を広げたいカトリックの布教範囲を拡大したいと考えてそれとアラビアを追い払って、直接取引したいと云う王様たちの願望とが一致する。これがうまく一致するんですね。

でどうなったかと云いますと、これが十字軍という軍隊が興された原因だと云われています。

あくまでも、十字軍は宗教的目的を表面にあげてますけれども、これにヨーロッパ各地の王様たちが加わったのは、宗教的目的よりも胡椒が欲しかったからであるわけです。通商の為の道を確保したいと。

しかしよく調べてみますと、十字軍は何度も興ってますが、失敗してます。成功していない。あたりまえの話です。

当時のアラビアは一大先進国でありますからヨーロッパの十字軍は勝てない。

世界史でみますとこっちの方が中心ですから、野蛮な国へせめていったと云うことになってますが、国際状勢をよく知らぬ為に、身のほど知らずでせめていって敗けてしまった。

しかし、この戦で判らないものが判るようになった。地理が判ってきた。

そこでどうやら海づたいに行けば、行けそうだということが判ってきた。

しかも、何故そうなったのか判らないのですがアラビアは大商圏をつくったけれども、海に対しては無関心であった。海軍はほとんどなかった。海の上の通商は、アラビアは考えなかった。陸路だけであった。それで海は手薄であった。

そこでヨーロッパは海づたいに行こうと考えた。ところが当時の海は大変危険が多い。十字軍が持ち帰った情報␣それからアラビア商人の情報をもとにして地図が作られる。断片的な情報をつなぎ合せる。それが当時のヨーロッパの地理学者の仕事であったわけであります。

いろんな地図が出て来て、どれが本当の地図だか判らなくなる。これは実際に行ってみないと判らない。

さて、その中の最も信頼のおける地図にかけて、東洋へ行こうということになるが、危険が多い。それで自分では行きたくない。誰ぞ行く者は居らぬか、そしてしゅびよく航海を終えて、香辛料を持って帰ったならば、ばく大なほうびを与える。場合によったら身分を貴族に取り立ててやる。

ポルトガルの王家にエンリケという人が居る。よくエンリケ航海王子と呼ばれています。自分で航海しているかといいますと、これは航海はしていない。

まともな市民は、こういう航海には行かないのであります。危険なわけですから。

ただ名のり出てくる人物が皆無ではなかったのであります。こういう危険な航海に出て行く者もあった。それはどういう人かと云いますと、これまでまともな暮しをしていなかった人達なんです。

これがヨーロッパの大航海時代の始まりなわけであります。

この大航海時代と云うのは、肉をおいしく食べる為に、胡椒を手に入れたいということであったわけであります。

アフリカから希望峰をまわって東洋へ行く地図にかけた冒険家これがバスコダガマです。ポルトガルの王様がパトロンになる。

また、東洋への航海に出掛けたもう一人の人物、これがコロンブスです。スポンサーはスペインのイサベラ女王です。

コロンブスは航海の途中、新しい陸地に到達する。インドであると思っていたら、それはアメリカ大陸であったわけです。

その後のコロンブスは、如何にイサベラ女王に対してとりつくろうかということに努力するわけです。

香辛料はすぐに手に入りますと云いつづける。それで最後はどうなったかと云いますとイザベラ女王が亡くなりまして、コロンブスは、どうもこの男はあやしいという一種のサギ師扱いをされてしまう。

そして、貴族の称号も、年金も取りあげられ、追放されてしまう。

コロンブスの晩年は、きわめて悲劇的なものでありました。

さて、香辛料によって肉をおいしく食べる味をしめてしまった、食べたい、食べつづけたいこうした欲求が、大航海時代の到来をもたらし、ヨーロッパの、西洋の歴史が大きく変わることになるわけです。

こうしたヨーロッパの植民地となりますアメリカ、このアメリカ大陸が北アメリカはイギリスの植民地であったわけですが、このイギリスに対して独立戦争をおこすことになる。そして独立を勝ち取る直接のきっかけとなったのが紅茶であります。

イギリスはアメリカに紅茶をもたらすが、イギリスの云うことをきかなければ、紅茶はアメリカにやらぬ、高い税金をかけ、これを認めなければ紅茶を売らぬとおどすわけです。

そしてこれ見よがしに、アメリカの大西洋側の港ボストンに紅茶の箱を積み上げた船を停泊させ、しかも紅茶の陸あげをしなかった。

アメリカの独立派の人々は、武力をもって飲めない紅茶ならと海の中にはうりこんでしまうわけです。

これはボストン・ティーパーティと云われる。この事件をきっかけにして独立戦争の火を吐くことになります。

これも紅茶がもたらしたものであります。

またドイツでは、第一次世界大戦に踏み切った理由のひとつは、食料事情は大丈夫であるということだった。当時のドイツの主食はジャガイモと豚肉であった。

ところがドイツの軍事力をカイゼルは過信しすぎておりまして、簡単に片着くと考えていたのが長びいてしまつた。

そこでどうするか、ジャガイモと豚は、充分に確保していた筈だったが、どうもそういかなくなってしまった。

そこで、ジャガイモのかなりの部分が豚の飼料になっているものを、人間に食べさせれば持ちこたえることができると考えた。

それでどうしたかと云いますと、豚を殺してしまった。そして豚のエサを人間に廻わしたのであります。

ジャガイモは、動物性の脂肪とかタンパク質と一緒に料理すればおいしく食べられる。だから肉ジャガだとかカレーとかに使われている。ジャガバタなんかまさしくその典型的な食べ方であるわけです。

塩だけまぶして食べていたらどうなるかと云いますと、ある程度食べますと、ウンザリして、食傷状態になってしまった。

こうしてドイツ人は、殺した豚肉が出廻ったまではよかったのですが、やがてそれもなくなってしまう。今日もジャガイモ、明日もジャガイモということになる。

ジャガイモの貯蔵は充分なのに、食傷状況で食べられなくなってしまった。

大量のジャガイモを抱えながら食料難に陥ちいることになる。

これが第一次大戦でドイツが敗けたひとつの原因であるわけです。

やはり、このように食物というものは、歴史のなかでそういう決定的な役割を果しているのであります。

今日挙げました例はその一部であります。

食物はこのように馬鹿にしてはいけません。

何とかかんとか云いながら、人間は餌の支配をうけているのであります。

このようなことを考えて、食べ物について関心を持って頂きたいと思います。

Ⅱ 知恵の献立表

対話録

左が筑波常治先生、右が編著者
2010年11月20日、中央大学記念館にて

筑後の青と鎌倉の緑

——先生、モーニングというのは、日本では誤用されているように思いますけれども、どうなんでしょう。

モーニングって、モーニングサービスのことですか？

——いえ、モーニングスーツのことなんですけれども。

まあいい、それはそれでいいんだけれども、モーニングがどうだっていうんですか？

——モーニングというわけですからこれは、イヴニングとも、タキシードともちがうわけですよね

そういえば、大臣たちが任命式に出る際の服装は、モーニングですね。だいたいこれは夕刻および深夜に近い時間だから、モーニングというのは、おかしいですね。

——うしろめたいので、服装だけは、朝のように純なものを身に着けたいのとちがいますか。

うまいことをいうね。服装は、たしかに中味をかくしてしまう。商品のパッケージや容器がきわめて重要な意味をもつのは、人間の場合と同じですね。やましい人間や商品のパッケージは、どれもフォーマルになっている。ドリンク剤の容器の色は、ゴールドと黒に決まっていた。人間の場合だと、ドアーボーイ、バーテンダー、ウエイターは別にしても、暴力団のファッションは黒のスーツということになっている。暴力団が黒のスーツから、紺のスーツにかえる時に、市民権が日程にあがってくるんじゃないかと思います。それほど服装というのは決定的なものがある。

現在のところフォーマルスーツを着用に及んでいる人間、またそういう職業は、ほとんど生産的

ではありません。
むしろ、生産的なものに関与していないんだということを誇示してさえいる。

――そういえば、生産的な仕事に従事している人間は、黒のスーツを着用したりしてませんね。

黒や白というのは、生産的ではないというわけじゃないけれども、生産的な行為には不向きだということはいえる。

――例えば、緑色はどうなるんでしょうか。あの色は、きわめて何というか……

青と黄色の中間に位置していて、緑の黒髪という場合の緑というのは、つややかなことを意味している。ただ、緑のおばさんという場合の緑というのは、そういう意味ではない安全を守るという。

――緑のおじさんというのはありませんけれども、あれはどうしてないんでしょうか。

そういうことは、交通安全協会にでも聞いて下さい。

――グリーンと英語で発言しますと、いくらかイメージがちがってくる。どうも日本人が緑という時と、外国人特にヨーロッパの北部の人々とではだいぶちがっているような気がしますけれども。

どうも、気候、風土という自然環境が大きな役割を果たしているらしい。

ピンク映画といえば、ポルノを連想する日本人にとって、ピンクというのは、ヒワイな色のイメージがある。ところがアメリカなどでは、ピンクはかなり高貴なイメージであって、決してヒワイではない。

彼等はブルーフィルムというのが、ピンク映画に近いものである。

――それに白毛染が、老人たち特徴的な利用のされ方をしている。

それはどういうことですか。たしかに日本人にとっては緑の黒髪というのは、女性にとっての願望でもある。白毛が嫌われるということはない。

イギリスへ行った時に、シルバーといって、白毛は大いにモテテましたよ。

――先生じゃありませんね。そのモテタというのは。

そうですね。私は、シルバーじゃありませんから。

――このシルバーというのも、日本人の感覚でいえば、シルバーシートというのがすぐに思いうかんでしまう。

あのシルバーというのは、老人、つまり、お年寄りの意味ですから。

――先生は、やはり座席をゆずられることはないんでしょうね。

やはり、というのは、どうもひっかかりますけれども、そういう経験はありません。

――やはり、そうですか。

ただ、あれはどう考えてみてもおかしなことですね。日本は、福祉ということを考えちがいをしている。老人が座るのをイヤがっているのに、むりやり座らされて、下車駅に着いても、降りれなかったという、これは嘘《うそ》みたいなほんとの話である。

そのうちに、席をゆずったけれども拒否された若者が、老人をなぐり殺してしまったという事件がおこるかもしれない。

――その心配はまずありません。若者たちはシルバーシートに座って眠ったふりをしてますから、むしろ、席をゆずらなかった若者が老人たちのリンチをうけて、即死というニュースがでてくる可能性が強い。

いずれにしても、シルバーシートがなければおこらない事件だということになる。こんなことができるのは、日本くらいなものではないだろうか。

――そうですね。あらゆることが自発性をおさえつけるようにできている。もちろん、そういう制度をつくる側は、そんな考えを持ってやっている

わけではないんだけれども、そういう発想の根の部分に、よけいなものがあって、自発性をおさえつけている。

そういう無意味なものをつくる暇と手間と金があるんなら、シルバー定期というのを発行してほしい。

――それはどういうんですか。

六〇才以上の者には、無料の定期券を発行して貰いたいということです。

――それはいいことですね。シルバーシートなんかは、サービスのつもりかもしれないが主観的なサービスの強要にしかすぎないですからね。

そう、そう、それと、乗車券を拝見致しますというのもやめてほしい。改札口があって乗車中にも検札をやるというのは、あれは一体どういうことなんでしょうか。

――永六輔が、そういうことをいってましたですね。どっちかにしろと、検札をやるなら改札は廃止、改札をやるなら検札はやめる、どっちかにしろというんです。だいたい馬鹿にしてますよ。お客さんに対する態度じゃない。

どうしたの、コーフンしてきたみたいだけど、何かあったんですか。

――汽車賃があまり高すぎます。あんな馬鹿げたことに人手をかけて、サービスというものを考えていない。

そういえば、去年、鎌倉へ行った帰りに、キセルしそこなったのをまだ根にもっているんじゃないでしょうね。

――そんなことがありましたですか。

またまたとぼけて、ウインズでフランス料理をたべて、いい気分のところを、横浜あたりで検札にあったでしょう。

――そういえば、思いだしました。小町通りの美術品店で、先生は、グリーンの長椅子を見つけて……

VS　そうそう、後日、あれを手に入れる為に、鎌倉へまたひとりででかけました。

——あの長椅子はどうなったんですか。

現在、大学の研究室に置いてあります。接客用に使ってますよ。

——ところで先生、ウナギは何色のがいいと思われますか？

先日、テレビで〝黄金のウナギ〟というのもやってましたけれども、あれはチェコスロバキヤの作品で、黄金というのは、色のことではなくて、沢山ウナギが群がっている状態のことをいったものでしたが、やはり、黄色とか赤では旨くないように思われます。やはり黒に近い、青色の強いウナギがいいのとちがいますか。

——さすがですね。九州では、〝筑後の青〟といってまして、これが最高だそうです。

どうして、最後はウナギになるんですか。よほどウナギに魅了されてるんですね、あなたの味覚は。

——いえ、味覚じゃなくて、色彩になんですけれども……

嘘！　食べることしか頭にないというのはあなたのことです。

チャタレー夫人VSマダム・ボーヴァリー

――先生、北海道は如何でしたか。

はい、大変けっこうでしたよ。まず涼しかったのがよかったです。

――それで何かお土産みたいなものはありませんでしたか。

ありました。

――お買いになりましたですか。

いいえ、荷物になるんで何もかいませんでしたよ。

――そういう時には宅急便とか宅配便とかいうのがあって、便利なんですけれども……

そうらしいね。

――〝白い恋人たち〟というチョコレートがあった筈ですけれども、お買いにならなかったですか。

あっそれは買いましたけれども飛行機の中で食べちゃいましたよ。

――そうしますと、お土産は何もないということですね。

はい、そうです。

――まあ、いいか。期待してなかったんだから、期待外れじゃなくて、期待どおりということです。

まあ、そういうことだね。

――ところで飛行機にお乗りになったんですか、これは意外ですね。

どうしてです。北斗星にでも乗ると思いましたか。

――はい、きっとそうだろうと思ってましたが、ちがっておりましたですか。

そうです、ちがっております、期待どおりというのが好きじゃないものですから、つい期待に反する言動をしてしまうのです。悪しからず。

――〝白い恋人たち〟くらい持って帰っていいの

とちがいますか。

それは映画じゃありませんか、アヌーク・エーメが出てた…。

——そうです。それと同じ名前ですよ。〝チャタレー夫人の恋人〟じゃありませんよ。

それはロレンスだよ。

——〝ボーヴァリー夫人〟というパン屋がありませんでしたか。

それは、〝ポンパドール夫人〟とちがいますか。

——そうでした。

ところで、今日はお土産のさいそくなんですか。

——実はそうなんです。

ですから何もありませんと言っているでしょう。

——そこを何とか……。

何ともなりませんよ。

——それじゃ、「全身小説家」という映画なんかどうでしょうか。

なんですかそれは、井上光晴みたいじゃありませんか。

——実はそのとおりです。

何がそのとおりなの。

——生前の井上光晴のドキュメントなんですよ。

へえ、そういうのがあるの、それはびっくりしました。

——原一男という監督の作品なんですけれども、九月二十二日から渋谷のユーロスペース2でやってます。

そうですか。ユーロスペースというのは、〝激しい季節〟をやったあの映画館ですか。

——そうです。評判がいいというので、もうひとつ増やして2が出来たようです。

しかしどうなの、井上光晴という小説家の位置は……。

——全身が小説家なんですから、これは小説家たちにとっては、一種の踏絵みたいなものとちがいますか。

ということは半身小説家というのもあるわけですか。

――もちろん、それはあります。一部小説家というのもあります。

下半身小説家というのもありますよね。

――あります。それと上半身小説家というのもありますし、小説家もどきもあるし小説家まがいもあるし……。

そうしますと、ロレンスなんかは下半身小説家ということになりますか。

――先生、待ち駒をするような、ハメ手を使うようなやりくちはやめて頂きたいと思います。

バレタか、永井荷風はどうですか。

――荷風はどちらかといえば上半身小説家じゃありませんか。

下半身はダミーというわけですね。

――それじゃ武智鉄二は下半身映画監督ということになるんでしょうか。

いえ、彼もまた、下半身はダミーですね。

――それじゃ、その逆のケースというのはどうですか、誰れかいませんか。

ほとんどの芸術家、文学者はその逆のケースですね。中野重治なんかはその代表的な作家じゃないでしょうか。

――なるほど、坂口安吾なんかもやはり同じなわけでしょうか。

安吾ですか、安吾はそうですね。

――太宰治はどうですか。

ありゃ、人間失格よ。

――そうか。

ところで、つい先日国立博物館で「踏絵」の展示があるというので見てまいりましたがあれは完全に下半身芸術ですね。

――先生、そういう駄ジャレを飛ばしちゃいけません。

そうか、これもバレてしまったか。

――それを言うなら半裸芸術というべきでしょう。

それはちとちがうんじゃありませんか、そういうい加減な言動はつつしんで頂かないと聖母マリアが黙っちゃいませんよ。

――失礼致しました。

澁澤龍彦のサド事件は、まちがいなく上半身と下半身ととりちがえた錯覚裁判でしたね。

――どうしてですか。

彼は、第一回公判における意見陳述でこう述べとるんだよ。〝『悪徳の栄え』は、ワイセツ文書であるとは思いません。十八世紀における歴史的著作として特筆すべき思想文学であり、その地位は、ルソーの『社会契約論』やロックの『人間悟性論』に匹敵します。

ただし、後者が社会学や哲学の著作であるのに反し、前者はあくまで文学の著作でありますから、したがって、そのように綿密詳細な《人間悪》の描写を必要とするのであります。〟

と言っているんですが、ワイセツと思想とが問われて、判定が出るわけがない。

――そういえば、「チャタレー夫人の恋人」の場合なんか全く同じようなケースであった。憲法と刑法で是非を問うというのだから、はじめから錯覚しているとしか思えない。

日本と英国

――先生、新年の囲碁大会でお米が賞品にでましたよ。

そういうもの（米）もらったほうがよっぽどいい。そういうものは生活感覚っていうのか、普通に生活していてサラリーマンが無理して高い物買ってきて、これが土地の名物です、これは何ですとばかばかしい金を使ってお土産を持ってくるよりも、洗剤とかをもらった方が本人はよっぽどありがたい。その理由は、使えるから。

――考えているのは、お米は今は高価な物になったけど、やはりカミさんに対して……。

うちののらくら亭主がまた碁会所行って、この暮れの忙しいときに自分は掃除だ、洗濯でとやっているのに、まあ今はカミさんもあまりやらないが、とにかく忙しいときに碁会所に逃げ込む。それが米10キロ土産に持ってきたら見直しますよ。

――しょうがないかとなる。でもこれは考えてますね。

米も5キロとか3キロとか1キロとかあるから、例えば2等賞は5キロとかにしてもいい。それで米の袋を家に持って帰ってきて何よこんなものとは普通は言わないですよ。

――大体僕なんかは米一キロいくらしてるかしらないですから。結構、高価な感じがしますね。

賞品券やお金でもらう時は別として、物でもらうときはいる物といらない物がある。自分が欲しい物といらない物がある。ところがくれる人はそんなこと関係なしに予算だとか自分の好みとかがありそれで人にあげている。もらった方はまたいらない物が、ごみが増えたとなる。それに箱を見ると値段がわかるらしいね。

の。

――それらしい数字がありますから、三と五とか

これは三千円だとか、五千円だとか。そうすると女は同じ三千円だったらもっと他の物がいいとなる。例えば調味料を二箇所からもらったら、はじめにもらったほうは「ちょうどきれてるからよかった」となるけど、同じものが二つきたときには「またきたよ」とこうなる。

人に物をあげるというのは、あげるほうもかんがえないといけない。毎年のお中元、お歳暮にこれで義理は果たしましたと、格好や形式だけであげている。ところがもらったほうは、余計ないらない物をくれたと、義理にも何もなっていない。

――今考えたら米を賞品にした理由は、もうひとつあるみたいです。

碁会所になんとかっていう米屋が来ているんです。米屋のおやじが「今度は米なんかどうですか」と案をだしたんじゃないかな。

清瀬の碁会場も『金子園（かねこえん）』っていうお茶屋があるんです。で、ここのところ大会の賞品はいつもお茶。ふりかけだとか海苔だとか。最もみんな食っちゃうから、もらって困るものじゃないけど。

――それはお米もそうだし、お茶やふりかけもそうですが、本人よりそのバックの家族というか、カミさんをターゲットに狙ってますね。なかなかの戦略です。

〝将を射んとすれば馬を射よ〟です。馬を見てるんですよ。

――その割に囲碁の人口増えてませんけど。これはまた別みたいですね。

囲碁人口が増えないのは、囲碁が上達するのはガキの頃でしょ、十歳くらいとか。ところが今のガキは塾へ行くんですよ。帰ってきたらテレビゲームか何かで一人で遊ぶんです。最近は兄弟が少なくて生意気に自分の部屋を持っている。

――生意気に鍵のかかる部屋を……。

テメーの部屋の鍵かけちゃって、親は部屋で勉強していると思ってるけど、鍵かけて勉強してるわけがない（笑）。

――勉強する時は開けっぱなしでやる。（笑）

俺なんか兄弟六人だから、六人で二部屋ぐらいでひしめきあって、勉強したり、宿題するのも陣取りから始まった。メシ食うのも一緒、勉強するのも、ラジオ聴くのも一緒という集団の中でやってきて、自分の部屋なんて夢のまた夢とんでもない話。ただそういう中だと社交性や協調性というか、人が困った時は助けるとかそういったことは覚えてきた。

今は兄弟少ないし、自分の部屋に閉じこもって日常の中でそういったことを教わらない。兄弟二人いたって子供部屋ふたつ持っている人ってけっこういますよ。みんな独立している。

――昨日までやってたけど、NHK教育テレビで夜11時から30分間〝冷戦後の日本〟というテーマで、ドナルド・ドーアというロンドン大学の先生が言っていました。日本にしばらくいて日本語の通訳だったらしく、日本語を模造紙に書いて説明するんだけど、これが面白いこと言ってました。

資本主義には英米型と日独型があって、今の資本主義の形態に英米型と日独型がある。日独型というのはどちらかというと共同体型。英米型は個人主義的なパーソナリティ重視。そういう矛盾が日米経済摩擦なんかで、日本の企業系列じゃないとか規制緩和をちゃんとやれというのは理由がある。例えば英米に比べて個人主義的な状況が日本は弱い。ところが新人類だとか、団塊の世代とか、兄弟が少ないとかで共同体が壊れてきてて、そうゆう奴らが社会の中で出てきているので英米型の資本主義になりつつあると。

なかなかいいところに目を付けている。欧米の場合はドライな商取引で、日本の場合はウエットな商取引だというリアルな分析をしてました。

それで今の二十歳以上といったら共同体の中の自分ではなくて、まず自分があり、その次に親があり、兄弟があり、友達があるということになっている。権利意識が強くなってきて義務を忘れちゃう。

今、女の子が扱いにくい。昔はお茶汲み、コピーとりも文句言わずそれが共同体の中で必要な仕事だからやっていた。別にそれが下等というか、どうでもいい仕事なんだという意識はあまりなかった。それが今は「私たちはお茶汲みのために雇われたのじゃない」とか「それは雇用条件の中に入ってますか?」と当たり前のように聞く。休暇は権利だからばっちり取る。仕事を放りだしてもまず休暇を取る。本当に使いにくいよ。コピー取ってきてくれと言うのも、気がねしながら言わないといけない。

玄人と素人

——先生、どうでしたか新年の酒の味は……。

けっこうな味でしたよ。毎日とはいわないまでもちょいちょい飲みたいですね。うまい酒を……。

——それはそうでしょうけれども、酒ばかりじゃ、世の中ますます極楽になっちゃって、〈あとは野となれ山となれ〉という気分になるでしょう。

酒がなくても、世の中のことについては、関心がありませんから、どうでもいいんです。

——先生、何かありましたですか?

それはどういう意味ですか?

私の身辺におもしろくないことが発生したのではないかという質問ですか……。

——そうです。

お祭しの通りです。新年から面白いことばかりで、まいっちゃいますよ。

――面白くてまいっちゃうというのはけっこう面白いですね。

新年早々から、何を言わせたいのかよく判りませんが、あなたの場合は如何ですか。

――どうにもならない裏の柿の木です。

山田先生にやられたんでしょう。

――実はそうなんです。おけいこはじめの囲碁大会で、さんざんに打ち込まれまして、二目置かされました。

置くのは一目が相場ということになっているんではないですか。囲碁の世界では……。

――株じゃないんですから、相場なんてものはありませんよ。

だって、インフレだそうじゃありませんか。

――先生、よくご存知ですね。囲碁の世界はとんでもなくインフレ状況がつづいてましてて世間の感覚では測り難いところがあります。

例えばどのくらいのインフレですか？

――具体的なケースをつい先日聞いたばかりなので、それを申し上げますと、こんな状況です。

これは青森の話ですが、私の先輩で日本棋院で四段の免状を持っているんです。その先輩が青森の大会に六段で出場したら、五連勝で優勝しちゃったそうなんです。

それがどうしたんです。

――つまりですね。棋力の相場が青森の下北の方ではだいぶ落ちているということなんです。

しかし、その先輩は、実力があるということじゃないですか。

――そうですね。そういうこともいえますが〝おまえなら、四段でけっこういけるよ〟と言ってました。

それは、インフレでしょう。

――そうなんです。棋力におけるインフレという

のは、そういう状況をいうのです。

しかし、それはあなたの場合にかぎった話ですから、一般化は無理とちがいますか。

——そういう見方もあるが、先生は私を過小評価しているのでしょう。

実はそうなんです。山田先生に二目も置くようでは大したことはないと思ってます。

——ところで、先生の面白くてイヤになるというのはどういうことなんですか?

まあ、いいよ、聞いても仕方ないから。

——まさか、落合が日ハムに行ったことじゃないでしょうね。

誰ですか、その落合というひとは……

——こりゃまた失礼致しました。聞いても仕方ないことでした。

判る話をして頂かないと、困ってしまいますよ。

囲碁の話なら少しは判るつもりです。

——どの程度ですか。

つまりですね。これは囲碁の世界にかぎったことじゃありませんが、反省型のひとは、勝負ごとには強いと思います。土着型の経験でやっているひとはタイトルを奪るのは難しいと思います。

——そんな難しいことを言われましても困るんですが、判りやすくやって下さい。

現在、囲碁のビッグタイトル保持者は、ほとんど外国人ですよね。彼等は土着型ではありません。思考の方法が抽象に合っている。具象ではないのです。

——その抽象と具象の話ですが、梅原龍三郎賞というのが絵画の世界にあって、これはその賞の対象になっているのは具象だったのですが、昨年第五〇回をもって廃止されたそうです。

どうして、やめちゃったの……。

——具象と抽象の区分けがむずかしくなったのが廃止の理由だそうです。

そうか。どの世界も、反省型の人間じゃないと生きていけなくなったということになるのかな。

——つまり、土着の平和愛好的な考え方ではどうにもならない。

それはちょいとちがうでしょう。碁会所じゃないんですから……。

——〝子〟会社の話はうまくあてはまりそうですけれども……。

親子関係じゃなくて、日・米間の関係によくあてはまるんだろう。

——それはひょっとして、保険に関する日・米の協議のことですか?

そうだよ、他にあるか。

——安保の問題がありますけれども……

あれも同じ問題だよ。

——どこが同じなんです。

つまり、反省型と土着型とが一つのテーブルに座して、晩飯の話をしているんだよ。反省型の国家代表は、フランス料理が食いたいと言っているのに、土着型の国家代表はそもそも食事というものはと総論ばっかり言っているんだよ。

——要するに素人《アマ》と玄人《プロ》が碁盤に向かって対局をしていると考えたらいいわけですか。

そのとおりだよ。二目くらい置かなきゃいかんのに、生意気に互先でやってるんだから話にならん。

——そういえば、米国の代表はその道の強者ばかりなのに、日本の代表は日曜画家みたいなのばかり顔をならべている。

スーパーアマチュアみたいなものもいるよ。例えば〈玄人はだし〉みたいな奴がさ、でもそれはだいたい袖の下を取るのがうまいとか、商人の手先になって下働きをする官僚で本業の方ではからっきし駄目なのばかり。

——先生どうもその語気からしますと官僚にひどい目に会ったんでしょう。

実はそれなんだよ。大蔵省や厚生省もひどいけれども、文部省もひどいよ。

——柳田国男が敗戦後の日本人が持っている問いが三つあったといって、①どうしてかうも浅ましく国は敗れてしまったか。②この先どういう風に進んでいけばよかろうかというのであり、そして③どうして日本人は斯ういつまでも、僅かな人たちの言ひなり放題に任せて、黙々として従いてあるくのであろうかというのでした。

そうか、柳田はそういっているのか。

——そうなんです。お上にはさんざんにえ湯を呑まされているのに、どうしてこりないのだろうと言っているんです。

敗戦から五〇年以上も経て、やはりなげきは同じであるか。

——先生、だいぶ世の中暗くなってまいりましたが、これから行くところはあるんですか。

そんなに世の中暗くなっちゃったのか。

——いえ、もうたそがれどきなので夜のとばりが降りただけのことでして。

そうか、びっくりしたぞ、おれの行末をつい考えてしまったよ。

——嘘でしょう。

実はそのとおり、世の中のことも生きることも女房殿にまかせてある。

——これも嘘でしょう。

あたり！

——嘘で固めた世の中ですから、先生の生き方が一番よいと思います。

また、心にもないこと言って……。

グルメ時代の酒と煙草

――一億総グルメ時代についてもう一つうかがいたいのですが。

あなたは、よほど食欲について関心が強いですね。さっきからうかがってますと、食のことばかりですね。何か食欲についてのなやみでもあるんですか？

――いいえ、そうではないのです。先日アメリカへ旅行にいった友人にアメリカの食事のことをうかがいまして、だいぶちがうなあーと感じたものですから……。

アメリカがどうだというのですか。それは、体格がちがうのですから食事の量は多いですよ。例えば、昼食の際、ファスト・フードをよく食べますね。ハンバーガーやフライドチキンを。

それはもう大変な量ですね。おまけにデザートをたっぷりと食べます。このデザートがいかにも太るというものですね。チョコレートがかかったケーキ、ソフトクリーム、ババロアやプリンといったものです。

――ヨーロッパでも食生活の状況は、アメリカと同じなのでしょうか……。

いえ、ヨーロッパの場合は、ちがってますね。たしかにドイツ女性は三〇代から肥満がはじまる。イタリア女性も同じだし、ヨーロッパの女性は肥満型の傾向である。ただアメリカの女性の太り方とはそのパターンがちがうように思う。

高見山、小錦クラスの女性がいたるところにいる。そういったスーパーデブの数がやたらに眼につく。そこのところがちがうようだ。

――日本の場合は、世界的にみて、スリムだといっていいでしょうね。先生のスタイルなんかは

望ましい形だと思いますが……。

いや、そういって頂けるのは、悪い気はしない。でも一種の病みあがりというイメージもなくはないのでして……

それは別として、たしかに日本人の食事はその量といい質といい欧米に比べると大人の食事とお子様ランチの差はある。

わが国の風習は、武士は食わねど……といった感覚があって、飲食に対して罪悪感をもっている。上等の料理ほど量が少ないというのはそのことですね。視覚、味覚、香りというのを大切にする。目には青葉　山ほととぎす　初がつを の芭蕉の句に対して、見たり、聞いたり、食ったりで名句かなと川柳が茶化しているがこれなどは、たしかに日本人の食生活のありようを示していると思う。

いわゆる「旬《しゅん》」のものに対する異常な関心ここには、量に対する欲望はみられない。

これがよくも悪くも日本人の食に対する基本的な姿勢だろうと思う。

――日本食ブームがアメリカでもまだまだつづいているようですが……。

そのようですね。スシ、テンプラ、スキヤキといったメニューから、このごろでは、トウフ、ナットウ、コンニャクといった日本食品がひっぱりだこのようですね。

ただね、ニューヨークでも、サンフランシスコでもいいんだが、スシ屋を開店する場合シャリは大きくなければいけない。要するに量を確保することが先決なんだから、小さいのでは駄目。

――駅弁はどうですか、先生は旅行が多いようですから、いろいろとかわった弁当をたべる機会が多いのではないかと思いますが……。

スピードアップと食べものは、表面上は大いに関係しているようですね。速度がはやまると食物はコンパクトになる。

このごろの弁当は量が少なくなりましたね。値段の方はさほどあがってないようです。

つい先日、東京駅で食べたのは、「大江戸」というやつで、これが六〇〇円、焼肉弁当だとか、スキヤキ弁当とかいろいろ種類も多くなりました。

——ところで、禁煙車がまたふえたようですが先生は、喫煙は……。

私は、煙草はやりません。新幹線では現在のところ、一号車、二号車の自由席車両が禁煙車で、指定車は十号車が一両禁煙になってます。それと、グリーン車の座席に禁煙座席というのがあって、一〇から一七までの座席が禁煙になっている。

——同じ空間の一部に禁煙区域をもうけてもあまり意味があるとは思えませんが……。

意味があるなしよりは、やっているという姿勢を示したいのでしょう。何といってもこれには金が掛りませんからね……。

そのうちに喫煙車という発想がうまれるかもしれません。この点に関しては、日本たばこ販売会社も専売から民営になる苦心していますから。

——酒の方はどうなるんでしょうか、ショウチュウの評判がよくて、あとがサッパリいけないようでして。

煙草もそうですが、身体にいいとか悪いとかいっているうちはいいのですが、けっきょく、程度の問題ですよね。限界をこえればいいものは何もない。

食事でも同じですよ身体にいいからといって、自然食をたらふく食べたら長命になるかといえば、決してそういうことはない。

酒も同じです。まあ、安いのがいいのであって、いろんな理由をつけていますけれども好きなものはやめられない。ウイスキーや日本酒が落ちてきているようですが、酒の総消費量はふえていると思います。要するにヒット商品がでてくれば、既存の商品の伸びがおちるのは当然ですよ。

損害保険でもそういうことがあるんじゃありませんか……。例えば、積立型の商品の売れゆきがいいので、従来の商品のウエイトが低くなるということですよね。でも収入保険料は年々伸びている。主役が変わるというのはどの世界にもあることです。

損害保険業界の現状についていえば、せいぜいのところ晩めしの心配をしている。しかし、明日の朝めしのことまでは、気がまわらない。

金融革命という言葉を耳にしても、自分の晩めしには関係がないと思っている。

ですから、一年後、二年後の話をすると、「青くさい」ということになって、まじめな顔で聞かない。

——そういうことは、たしかにあることですね。変動期特有の悪い体質が表面化する。

いつの時代でも、変動期には、良い点よりも、悪い面がでてきやすいのですよ。

企業についても、これは同じことがいえるわけでありまして、伸びている時には、良い面が表面化する。

ペルーへの旅

――先生、ペルーは如何でしたか。

とてもよかったですよ。もう一度行きたいところは、何処かと聞かれたら、ペルーと答えますね。

――そんなにすばらしいのですか。

それはもう、申し分ありません。人は少ないし、じゃがいもはまだ二〇〇種もあるし、自然は荒々しい。日本ではもうなくなってしまったものが、いくつも発見できるのです。

――かつて日本にあったものがペルーに沢山のこされているということは、大変不思議に思われます。けれども、過去をさかのぼれば、我々日本人と同じ、モンゴリアンですから、そうかもしれないと思います。

とにかく昔の日本人に会うことができる。

――昔の日本人とはどれくらい昔の話ですか。

それはもう大昔の話、じゃなくて、つい先日の日本人ですよ。

――先週の日本人じゃなくて、先月の日本人でもなく、去年の日本人でもなく、ひと昔前の日本人と云ってよろしいのでしょうか。

そのとおりです。

――再びもう一度行きたいところは何処ですか、と聞かれた時、先生はやはり、ペルーとお応えになりますか。

もちろんペルーです。

――私は、先生のお話を伺っているだけなので、そこのところがリアルに判りません。

百聞は一見にしかず、ですよ。ただし、オーストラリアやニュージーランド、東南アジアなどの、日本のお金の影響力の強いところとちがって、日本円はほとんど紙っ切れ同然です。アメリカドルの強さを改めて知らされてしまいます。ーひと昔前の日本を見る思いがするんでしょう。

　そのとおりです。一ドル三六〇円の時代がペルーにあります。

——日本にはそういう風景がなくなってしまったのでしょうか。

　ほとんどみあたりませんが、日本の場合は、地方ではなく都会にそういうものが残っているように思われます。

——例えば、京都とか大阪あたりは如何です。

　そうですね。京都などはつぶさに見ていきますと驚くべきことがおこる。錦小路の商店街が計画しているファクシミリによるマーケットパックなどは、古いものと新しいものとがみごとに合体していますね。

——それは具体的には、どういうものなんですか。

　まだ計画中なので、詳しいことは申し上げられませんけれども、いってしまえば、製・販協同ではなく、販・販協同というべきものです。チャネルの固定化、またはマーケットの特化策と云った方があたっています。スタートするのは、今年の秋からですか？

　そうです。すでに顧客数は、住民の半分以上を占めていますので規模を誇る大型店舗は対応策を考えないといかんでしょうね。

——京都はペルーの隣にあるということになりますよね。

　そういうことになりますかね……。

——ところで突然ですが、京橋に話を移します。

　それは大阪の京橋ですか、東京の京橋ですか？

——東京です。京橋のフィルムセンターのことなんですけれども、六月一日に新装オープンしたということなんで、さっそく行ってみました。

　どうでした。

——大変立派なビルになってまして、税金をしっかり使ってくれているという感じです。

私のイメージは、銀座の並木通から京橋のフィルムセンターの間は、一九七〇年代の想い出のスポットでしたよ。

——一九八四年に京橋のフィルムセンターが火災を引き起こしまして、在庫のフィルム三〇〇本が焼失した。フィルムセンターではなくなっちゃった。

そうですね。あのG・オーウェルの「一九八四年」の年ですか。おぼえやすくていいですね。日本の近未来社会の原点ですね。

——先生も一度ご覧になったら如何ですか。

いいえ、私はそういう立派なものには興味がありませんから。

——やっぱり。

それにしても、日本の経済というものは、文化についてはまったく関心がありませんね。

——どうしてですか。

考えてもご覧なさい。これまで企業が文化について関心を示したことがありますか?

——ありません。

とにかく、資本の論理だけで、ベースになるものが全くありませんよ。

メセナはどうしたんです。

——そんなこと云われましても、日本の経済はパニック状態なんですから、文化だ教養だなどと呑気なことやってられませんよ。

それはそうです。

——先生、日本の経済がどうなっているかお判りになってますか。

はい。ペルーでは日本の円は、紙くず以下になってますから、だいたい理解できます。

——そうですか、それで充分です。

経済問題なんていいがいと単純なものです。

——そう思います。

判ればけっこう。

それにしても米ドルの威力は想像以上ですよ。

――日本人もハワイや東南アジアの円ブロックではないところへ行けば、日本の姿がよく見えるでしょうね。

そうです。ペルーへどうぞおでかけ下さい。

場末のおせち料理

――明けましておめでとうございます。本年もどうぞよろしくお願いします。昨年の暮は風邪気味の様子でしたが、体調の方はいかがですか……。

寝込むほどではありませんでした。酒量が若干落ちましたね。煙草もそうですが、〝今日も元気だお酒がすすむ〟ということはいえますね。

――ところで先生、最近は、日常性から離脱願望が流行しているそうなんですが、これはどういう現象なんでしょうか……。

何ですか？　それは……。

――博報堂生活総合研究所が、「〝脱日常〟したいと思いますか」ということを首都圏に住む二〇〇人にインタビューしたものがあるんですが、それ

によりますと、三人に一人が日常から離脱したいという願望を持っているそうなんです。

そうですか、私などはむしろ日常生活に強い願望を持っているんですがねェー。

――先生、個人的な状況ではなくて、社会的な現象として考えて頂きたいのですが……。

わかりました。しかし、二〇〇人にインタビューした結果でもって、それを社会的な現象とみるのは、早計にすぎませんか、博報堂といえば、文字どおり博報を業としている広告代理店でしょう。たしか、「分衆の時代」ということをいったのは、その広告代理店じゃなかったですか。流行《はやり》言葉の製造会社のいいなりになっていたんでは、個人的も社会的もないじゃありませんか。

――わかりました、（笑い）たしかに言葉の魔術や、数字の幻想にまどわされていたんではいけないと思います。あらためてうかがいますが、先生は、日常性からの離脱という傾向をどう思われますか。

この場所（二流の飲み屋）は、非日常ですね。かつて日本人には、「ハレ」と「ケ」という表現でもって日常と非日常を区分けしました。この場合の「ハレ」というのは、日常では食べないもの飲まないもの、着ないもの、そしてその行動は常日頃とはちがうものであった。もちろん意識も生活から離脱していた。ハメをはずすというのは、そう時に生じたものですし、日常生活のなかでハメをはずすと、「おめでたい奴」ということになるわけです。

ただ、ハレの場で、日常的な状態から離脱できない者もまた「おめでたい奴」ということになりますね。

――そうしますと、日本人というのは「おめでたい集団」ということになってしまいますか……。

だから、広告代理店の啖呵売《たんかばい》にひっかかるときわめて過小なものが過大になってしまうということとです。

――私が「おめでたい」ということなんでしょうか、その意味は……。

まあ、そう理解して頂いてもけっこうですが、平均的なスタイルを持っていることだけはたしかですね。

――ありがとうございます。

新年から、「おめでたい」話で、今年もよい年であってほしいと望んでいます。

大変奇妙な話ですが、ハレの日がケに、ケがハレの日になってきている。たぶんこれは何かの反作用、リアクションだといっていいように思います。

例えば、玄人と素人の関係が転倒してしまうような状況もこれと同じ現象とみていいように思います。

いわゆる基本構造が不明になってきていることのあらわれとして、スーパーアマチュアといった「玄人はだし」がでてくる。これなどと、ほとんど羽目をはずしているんですね。

日常のなかに非日常を求めているのが、項代の「玄人はだし」ですね。それだけに底が浅い。すぐに駄目になってしまうスーパーアマチュアが沢山いる。

駄目になる原因がどこにあるかといいますと、いわゆる「芸」の修得ができていないわけですよ。ですから、理性的に日常に非日常を置きかえるだけの机上の努力が、即座に成果につながるものだから、本人もまわりもプロ（玄人）だと錯覚してしまう。プロセスは抜きにして、結果だけで判断してしまってはそのあとどうなるかというと、これらのほとんど一回性のもので、決して連続的なものではないのです。

ここに日常と非日常の弁証法的な誤解が派生することになってしまう。

――先生、ちょっとまって下さい。こんなおめで

たい日にあまりに日常的な話はふさわしくありませんよ。

そこです。あなたがおめでたい日に、日常的な話題は適当ではないといいましたね。しかし、考えてみますと、日常や非日常について話すということは、一般には、そのことそのものが非日常なわけでしょう。ところがあなたは日常的といった。

文学者が文学について考えることは日常のことだし、保険会社が保険のことを考えることは職業における日常性であるはずですね。

ですから、日常と非日常における弁証法的な……。先生、もうすこし、おめでたい話にテーマをかえましょう。おせち料理なんかどうでしょう。このごろではグルモンばかりで食べものにうるさいが、日本古来のハレの料理については、まったく知識がない。フランス料理がどうの、ワインがどうした。どこのウナギは一流だという手合いが多くて、日本人の食事が、割烹《かっぽう》料理であり、割が七割、烹が三割ということすら忘れてしまって、日本食の時代もあったものじゃない……。

ですから、日常と非日常の弁証法が必要なんです。食事でも、発想でも、ただ、日常と非日常を置きかえただけで、大変な発見だと思うのは、大きな誤解なんですね。サラリーマンの日常と職人たちの日常はちがう。大工が床柱について考えることは日常の発想ですよ。しかし、サラリーマンが床柱について考察するのは非日常ですよ。

ですから、はじめにあなたがいわれた問題二〇〇人のうちの三人に一人が日常生活から離脱したいという願望は、至極当然のことであって、とりたてて問題にするほどのことではない。

——人々は、日常性から離脱したいと考えており、組織（企業）は日常から変身したいと願望している。どうして離脱したがり、変身したがるんでしょうか。

そうですね。人も組織も現状に不満をもっているということでしょう。だけど、自分で努力した者、自ら築きあげた組織は、決して離脱や変身を望んでいない。

現状に不満があるということは、大変必要なことです。これがないと人間も組織も成長しません。ただ、その不満の内容があまりにプライベートであり、マイナーであるから、エスケープしたくなってしまう。

——今年は、できるだけ、ハレの日には羽目をはずし、ケの日には地道にやっていきたいと思います。

普通にやるということが、むずかしい時代になってきましたね。せいぜい飲みそこなった酒をこの機会にとりかえしましょう。

あなたは、栗きんとんを沢山めしあがって下さい。私は勝手にやりますから……。

——お正月はいいですね、先生。

そりゃ、そうですよ、おめでたいですよ。

新古今的

——先生、最近〝プッツン〟ということばが大流行しているそうですが、ご存知ですか……。

いいえ、知りませんね。何か切れた状態をいう言葉でしょうそれは……。

——そうらしいですが、どうも脳の状態をいうそうです。

その言葉は、女子高技で一時流行したものとそっくりですね。擬音や擬態で造語することが、たしかに通りがいいですから、どうしてもそっちへ傾くんでしょうね。話がおじゃ、話がカボチャ、話がキュウリ、話がさつま、話がショットガン、話がスパゲッティ、話がセロリ、話がタマネギ、話がちくわ、話がどじょう、話がトマト、話がハス、話がパセリ、話がバナナ、話がピラフ、話がメニコン、話が山手線、話がレタス、話がレンコンというようにやたらと食べものをならべておもしろがったのはもうダサイことなんでしょうね。

――〈話がレタス〉というのは、どういう意味なんですか……。

レタス倶楽部と関係ありませんよ。

――わかってますよ。

それはですね。〝まっさおになる話〟という意味なんです。話がバナナというのは、どういうことだか理解できますか……。

――えーと、バナナの皮ですべるといいますから、そんなニュアンスの意味じゃないですか……。

うーん、さすがだね。君はまだ若いよ。大いに自信もっていいよ。新人類とまではいえないが、新古今くらいにはいけるよ。これは〝話がよこすべりする〟という意味なんです。

――先生、その新古今とはいったいどういう意味なんです。

逢ふまでの命もがなと思ひしにくやしかりけるわが心かな

というのでは、答えになっていませんか。

――そういえば、先生、新古今集というのはどれもこれも、写実的なものばかりで、メタファがありませんね。

懸け詞と情景描写で成り立っていることはたしかですね。これはどうも、日本語の性格によると思われますね、表意文字が短歌や俳句の内容を規制しているのは事実でしょう。

抽象的な表現が、どうしても、ピーマンになってしまうんですね。

――ピーマンとはどういうことですか。

話がピーマンというでしょう。つまり中味がないということです。それはそうとして正岡子規が「写生」論を強く主張する理由も、日本語の特性をみたうえでのものだったと思うんです。芭蕉じゃなくて蕪村を俳句革新の基本にすえたのはよくわかるような気がしますね。

――先生ちょっとまって下さい。私は、外国語が全く駄目なんで、日本語の特性といわれてもそれが何だかよく判らないいんですが、そこのところを少し説明して頂けませんか。

うーん、それじゃ、少し遅いかもしれませんが、今から外国語の勉強をもう一度やってみたらどうです。

――これからですか、そんなパッションはもうありません。

そのパッションという外国語は日本語に置きかえるとどういう言葉ですか。

――ベートーベンにアパッショナータというのがありますから、熱情、情熱という日本語に書きかえていいと思いますが。

そうですね、日本語の場合、「熱」も「情」もそれ自体で意味をもっている。そこのところが、アルファベット文字と決定的にちがうわけです。本来、表音文字の使用においては、抽象性の高い表現が困難になるわけです。だから哲学者が、さかんに難解な漢字を好むのはこの為です。日本人は、総体的にいって、平易な表現を下等なものとみる傾向が強いのはここのところからきているように思う。

むずかしい文字を多用すると、それだけでその思想性も同時に上等なものになるのじゃないかという錯覚がうまれてくる。

正岡子規にもどりますが、彼は、俳句を大衆化するには、日本人に合った形式と内容にしなければいけないと考えたと思います。

――では、戦後、桑原武夫が「第二芸術論」で日本の短詩型は第二芸術だといったときに、歌人や俳人たちが、そうかもしれないと大いに動揺したのは何故なんですか。

あれは、文字の数が少ない短歌や俳句は、文字の多い大河小説などよりも劣るという近代的な合理主義者の発想を歌人や俳人がとりちがえて、文学、芸術の価値基準を忘却したためです。

もちろん、彼等には、動揺しなければならない理由が別にあったわけですけれども。

——何だか、わかるような気がしますが、よくわからない部分の方が多いようです。

ここのところがよく判らないようでは、近代詩と現代詩の差異も判らなくなるし、詩とは一体何を指してそう呼ぶのか判らないことになりますよ。

——外国語をやれば、そこのところが判るようになるんでしょうか。

それは、どうでしょうか、むしろ日本語の方をやった方が近道じゃないでしょうか。

——そうですね、先日「谷川岳」という本の中にある地図を見てましたら、何のことか判らない地名がやたら多くて困りました。谷川岳の耳二つ（トマノ耳、オキノ耳）はどういう意味なんでしょうか、先生。

それは、北と南の耳（峯）という意味じゃありませんか。

——やはり日本語をもう一度やりなおした方がいいような気がしてきました。谷川岳に登ってからはじめることにします

そういうのを〝プッツン〟というのじゃありませんか。

——そうかもしれません。

猫と犬

——先生、その後猫のご気嫌はどんな様子ですか。

〝はい発情期がすぎまして、やっとおとなしくなりましたよ。

それにしても、猫というものは一日中眠りこけているものですね あれは驚きです。〟

——最近、猫の尿の臭いが消えるキャットフードが開発されたようですが、どうなんでしょう、商品価値の方は。

〝うーん、それはいい商品ですよとにかく、鼻がまがりそうですからね、あれは。……〟

——そんなにひどいですか、猫の尿は……

〝ひどいなんてもんじゃありませんよ。〟

——ところで、団地では、犬、猫などのペット類は、飼えないのではありませんか……。

〝実は、そうなんですよ。それで困っているんですが、何かうまい方法はないもんでしょうかね。あなた、ちょいと考えてみてくれませんか。〟

——はい、考えさせて頂きます。具体的に、どういうトラブルか発生したんですか。……

〝それがですね。お隣りの住人、つい先月引越してきた方なんですが、猫ぎらいな人だった。前の団地でも隣りの猫が入りこむのがイヤで越して来たというくらいの猫恐怖症なんだそうです。〟

——また、よりによって、やっかいな方が来たもんですね。

〝うちの奴も（笑い）悪いんですよ。イヤだイヤだというところへ行きたがるんですから。先だっても、隣の六畳の部屋で昼寝をしていたそうで、血相をかえて、どなりこんできましたよ。〟

——うちの奴というのは。猫の名前なんですか。

〝いえ、名前はちゃんとありますよ。本名はミルクティーというんですが、通称ミーです。〟

――立派な名前ですね。ミーですか、猫らしい名前ですね。

〝あなた、そんなこと感心することじゃないでしょう。もっと真剣に考えて下さいよ。〟

――えーと、何でしたっけ。――

〝ほら、そんなことじゃ駄目じゃありませんか。うちの奴の身の振り方ですよ。〟

――今度の同日選挙がひとつ参考になるんじゃないかと思っているんですが……。

〝死んでも死にきれないというあれですか〟。

――そうなんです。あの科目が、解決の糸口にならないでしょうか。

〝政治家が死んでも死にきれないという科白を発する時に、注意を要するのは、政治において、生も死もおよそ無縁なところあるといってよいと思います。

さらに、選挙演説で使用する場合、これはほとんど政治とは対極のものだといえます。

わが国の選挙がムードだけで、内容が欠落しているというのは、そのことなわけです。

では、何故、政治家が当選したいが為に、死んでも死にきれないという科白を多用するかといいますと、人情にうったえているわけです。

そして、集票については、ほとんど義理のチャネルを確保している。

どこに、政治の中味がありますか、そんなものを大衆の面前でしゃべろうものなら、落選は確実です。〟

――先生、やはり、猫については死んでも死にきれないという科白を多用すべきですよ。

〝うーん、これでなんとかうちの奴も当選確実という展望ができたよ。〟

――それで、当選したあかつきには、カツオブシをお中元にすればめでたし、めでたしという。

〝あなたは、呑気でいいよ、衆議員選に立候補すれば、けっこういいところまでいくかもしれませんよ。比例代表区で、政党名は、『犬・猫党』なんかいいんじゃありませんかね。〟

――そうですね。もうひとつ、考えているんですが。禁煙党という政党名などどうでしょうか。

〝それは比例代表制むきの党名ですね。政党名としては、かなりなものではありますが、あまりにも内容がなさすぎますよ〟。

――それでは、『禁酒党』というのはどうですか。

〝それこそ、死んでも死にきれませんね。〟

――それにしても、比例代表区出馬の政党名も、犬・猫党のレベルですね。

自由民主党、日本社会党、公明党、民社党、日本共産党、第二院クラブ、サラリーマン新党、新自由クラブ、税金党、世界浄霊会、老人福祉党、MPD平和と民主運動、社会を明るく住みよくする全国婦人の会、大日本誠流社、日本みどりの党、社会主義労働者党、日本教育正常化促進連盟、これが比例代表区における全政党名ですが、個人名ではなく、政党名を書入れるには、あまりに不鮮明なものばかりです。

〝タレントの個人的な属性から政党、組織の看板を選択するように制度を変更した理由は、うなずける。

しかし、属人的なものから組織の属性へ基準を移したんですから政策そのものを明確にしなければならん筈ですが、相かわらずムードだけで票を集めたがっているわけです。

――是が非でも国会へ、それでなければ、死んでも死にきれないといっている。

〝そうですね。およそ政治とは無縁のところで政治が成り立っている。〔政治的〕だという言葉がいまなお、根まわしの上手な、腹黒い奴という意味をもっている理由がよく判るわけです。

それは、政治が悪いのかというとそうではなく、国民が主体的でないかというとそうでもなく、代議制の民主々義という技術が空転しているとしか思えない。
　つまり、制度と中味がちょうど転倒してしまっているといった方がいいかと思われます。〃

——そうしますと、義理と人情をはかりにかけた場合、人情の方が重いわけですね。

〃そうそう、あなたがいっている、借用と自前の転倒ですよ。〃

——もうひとつ、どうもよく判らないことがあるんですが、政治におけるボキャブラリーは年々せまくなってきているように感じられるんですが。

〃そうですね、政治家たちは、いちばんたしかな、手ごたえのある言葉を選択しはじめましたね。〃

——それが、死んでも死にきれないという言葉に象徴的にあらわれている……。

〃そうです。幻想を看板にした個人が幻想でしかないというのはそのことです。人間の姿が消え

かかった時代といえますね。〃

一冊の本

——先生、「私が選んだこの一冊」というのがありまして、いろいろな人が愛読書、印象に残った書物をあげているんですが、先生の場合は、この一冊というと……。
○この一冊とか、あの一冊とかいうものはありませんよ。
——ウナギ屋ではどうです。
○若松屋だよ
——柳川の若松屋ですか？
○他に若松屋というウナギ屋があるか。
——ウナギだとすぐに名前が挙がるのに、この一冊というのはいけませんか？
○いかんと云うことはないが、書物の場合は腹にたまらんからね。
——そのウナギの値段があがるそうです。
○どうして……。
——シラスの不漁が原因だそうです。
○しかし、ウナギは家庭料理じゃないから昔から高級料理だった。ところがスーパーで安売りするようになって、家庭でも手軽に食べることができるようになった。
——日曜日はカレーの日で、土曜日はウナギの日になってしまった。
○ウナギもカレーライス並になったわけだ。ウナギ屋に聞いた話ですが、夏よりは、冬の方が旨いそうです。
○カレーライスは共栄堂のスマトラとキッチン南海がよろしい。
——珈琲は、人形町の快生軒、神保町のフォリオ、サボウルなんかが旨いようですけれども。
○神楽坂の上島珈琲もけっこういいようだ。

――サンマは目黒にかぎるというのは、落語の世界だけれども、小説は漱石に限りますよね。

○「我輩は猫である」「坊ちゃん」「道草」「彼岸過まで」そして「明暗」。

――そうしますと先生の場合、この一冊というと、「明暗」になるわけですか？

○だから、何度も云うが、ウナギと書物は別腹、いや別物だから、この一冊というような具合にはいかんのだよ。

――そういえば、一五〇人の著名人たちのこの一冊の中で、私の書架にあるのは、「老い」（ボーヴォワール著）だけでした。

○それはどなたの一冊ですか？

――シャンソン歌手の石井好子です。

○なるほど、判るような気がする。

――どうして、判るような気がするんですか？

○「老い」だよ。……だからどうしてなんですか？

○石井好子といいやあ、石井光次郎の娘だよ。

――はい、存じてます。

○石橋、緒方と久留米三人男と呼ばれた石井だよ。

――そういえば、久留米駅前の田中屋というウナギ屋はけっこう旨い。

○西荻の柏屋というのもけっこう旨い。どうして、久留米から西荻へ飛ぶんですか？

○飛んじゃいかんのか。

――いかんことはないですけれども、久留米から西荻じゃ、飛びすぎでしょう。

○東久留米はどうなんだ。

――あれは石橋（ブリヂストンタイヤ）の工場があったという……

○ところで何の話してたんだっけ？

――ウナギでしょう。

○その前は何の話だっけ。

――一冊の本。

○あ、一冊の本だった。一ぱいのかけソバくらいなら判るんだが……。
——先生、そういえば、一冊の本の中に、ノーベル賞作家は、ひとりも出て来ないんですが、これはどういうことなんでしょう?
○そんなこと判るわけないだろう。
——芥川賞作家もいないんです。
○要するにフィクションの持つ力というものが判っていないからじゃないの。
——詩人がメタファーの力が判っていなので誰れも詩集を読まないのと同じ。
○そのとおり、西田幾多郎が、「今の小説には人生、如何に生きるかがない」と云ったが、けだし名言だね。
——今の若者たちは、「バイオレンスとセックスがないんじゃ、金払って読む気がしない」と云っております。
○そうするとノンフィクションの方へ読者は傾斜していくことになるんだ。
——それはいい事なんでしょうか?
○いいも悪いもないじゃないの。
——どうしてですか?
○だって、想像力を働かせて虚構を楽しむという能力がなくなってきてる。
——〝事実は小説より奇なり〟といういい方もする。
○要するに、フィクションは、ノンフィクションを超えられないのだよ。
——どうしてですか?
○それを望んだからさ。
——よく判りません。
○君が判らんということが、そのことを示唆しているんだよ。
——ますます判らなくなってきました。
○やはり、君も時代の子ということだ。
——思考のパターンに問題があるということで

しょうか？
○団塊の世代というういい方をした堺屋太一、村上ファンドの株屋、堀江というパソコン坊や、この手の人物達の共通点は、ノンフィクションとフィクションの区別がつかなくなったバーチャル人間というところにある。さらに、憎まれ口をきくようだが、団塊の世代などと云われて、そうだと思ったこの世代総体がその他大勢であって、英雄待望論者となってしまった。
——先生、それは云いすぎでしょう。
○云いすぎなもんか、云い足りない。
——今日は、このくらいにして、ご不満でしょうが、おさえて頂きたいのですが……。
○君も団塊の世代か？
——いえ、脇役世代です。
○団塊の世代とか脇役の世代とか判ったようなことを云っているが、こんなレッテル貼りでフィクションを駄目にしてしまったんだよ。
——主役の世代はどうなりますか？
○どうにもなりはしないわ。
——それは、小津安二郎の科白でしょう。
○そうだ、小津安二郎なんかは主役の世代。
——ところで、先生、この一冊は何とかなりませんか？
○何ともなりはしないわ。
——黒澤明がこんなことを云ってます。
○ロスプリモスの黒沢か？
——いえ、映画監督のクロサワです。
○クロサワ楽器というのもある。
——『羅生門』のクロサワです。
○その黒澤明が何を云ってるんだ。
——「『羅生門』は、後にアカデミーの外国語映画最優秀賞も受けたが、日本の批評家達は、この二つの賞は、ただ、東洋的なエキゾチズムに対する好奇心の結果に過ぎない、と称した。」と書いている。

○あ、それは、黒澤明の著作である『蝦蟇の油』だな。
――そうです。
○そのあとに、こんなことも書いている。「日本人は、何故日本という存在に自信を持たないのだろう。」
――はい、そういうことも云ってますね。
○さらに、こんなことも書いている。「人間は、ありのままの自分を語る事はむずかしい」と……。
――先生のこの一冊は、やはり、ノンフィクションでしたね。

ダ・ヴィンチとミケランジェロ

――先生、冬を道ずれにして秋がやってまいりましたが、ごきげんは如何ですか？
◎のっけからしゃれたことを云ってくれるじゃないの……。
――一応、キザ会のメンバーですから、やはり、多少は……。
◎多少は何ですか？
――元気でなければいけないと……。
◎それはそうだ、元気でなければキザにはなれませんからね。
――その点では、先生は、健康で、やはり、会長、いや終身会長ですか……。
◎やつがれも、健康には大いに気をつけておるのだよ。
——例えば、健康法など。
◎そんなものありませんよ。
——酒はほどほどにとか、煙草はやめるとかいうような……。
◎酒はうわばみの如く、煙草は二十歳でやめました。
——飲む、打つ、買うでいけば、打つのは如何ですか?
◎あれは性に合わないのでやりません。
——買うのはどうです。
◎もっぱら、エコ色に専心しております。
——エコ色とはやはり緑ということですか?
◎はい、そうです。
——エコロジー対応はやはり緑でないといけません。
◎最近では、買うと云うのは、購買力のことですか?
——はいそうです。
◎ルネッサンスの万能の天才、かの、レオナルドなどは、家計簿にその出費の細目を記しているのだが、まるでドラマを観ているような気持ちになってしまう。
——どんなことが書かれているのですか?
◎『レオナルド・ダ・ヴィンチの手記』(岩波書店刊)には、泥棒。嘘つき。頑固。大食らい。のことが書かれている。
——ミケランジェロの場合はどうなんですか?
◎彼は、いつも金がないとこぼしていたが実際の収入はかなりなものだったようです。
——金銭面ではだいぶちがった考え方であったようですが、健康上の問題ではどうだったんですか。
◎うん、それなんだが、私はこれまで健康上の教訓として、レオナルドの健康法をお手本にしているのだよ。
——それは是非にご紹介して頂きたいと思います。

◎では、レオナルド曰く、〝君もし健康たらんと欲せば次の規則をまもりたまえ、

㈠ 食いたくないのに食うなかれ、軽く食べよ。

㈡ よく噛め、摂取するものはじゅうぶん煮て、料理はかんたんに。

㈢ 薬を飲むものは療法をあやまるもの。

㈣ 立腹をやめて、澱んだ空気をさけよ、食卓をはなれたときは、姿勢を正しくしたまえ。昼間うたたねしないように。

㈤ 酒は適度に、少しずつ何回も。

㈥ 食事をはずさず、また空腹をかかえているなかれ。

㈦ 便所は待つな。ためらうな。

㈧ 腹を仰向け、頭を下げているな、夜は蒲團をよく着るよう。

㈨ 體操するなら動きを少く。

㈩ 頭は休め心は爽快にしていること。〟

この十項目がレオナルドの健康十則であるわけだが、ミケランジエロとは大いにちがっていると考えられる。

――レオナルド・ダ・ピンチの健康十則は全部ミケランジェロが守らなかったことですね。

◎そういえば、ミケランジェロは、いつも怒り、澱んだ空気の中にいて、空腹をかかえていたようだ。

――あんなに無茶苦茶をやって八十九歳まで生きたのですから、ミケランジェロの健康法というのを紹介して頂きたいくらいです。

◎つまり、最善の健康法というものはこの世に存在しないと云うべきかもしれない。

――しかし、時代や、世代というのは、何等かの影響を及ぼさないでしょうか。

◎時代屋の女房のことはいいよ。ミケランジェロが二十歳の時、レオナルドはすでに四十三歳になっているが、イタリアルネッサンス期の天才たちは、同時代であると云ってよいでしょう。事実、

ダ・ヴインチは、この時『最後の晩餐』に着手している。ミケランジェロが『最後の審判』の依頼が教皇クレメンス七世からあったのが一五三三年ミケランジェロ五十八歳の時です。ミケランジェロは、不気嫌であったし、顔色も悪かった。

——先生、五〇〇年前のフィレンツェの出来事を見ていたかのようにおっしゃるのはやめて頂きたい。講釈師もびっくりです。

◎びっくりついでに云わせて頂くが、「ダ・ヴインチ・コード」は一〇〇万部を軽く超えるという売れゆきだったそうですが『ミケランジェロの呪い』もすでに三〇万部を突破しているそうです。

——ダ・ヴィンチやミケランジェロはやはり本屋の救世主ですね。漱石やドフトエフスキーと同じように。

◎彼等はほとんど転換期の人々であったところに共通性がある。

——先生、『ミケランジェロの呪い』というのは、『ミケランジェロの怖れ』のことではありませんか。

◎ま、ま、そういうことはどうだっていいだろう。世の中は、友愛の時代なんだから、広い心でいこうじゃないの。

——そういうことじゃないでしょう。

◎そうそう、健康問題だったね。

——世の中あげて、健康健康と叫んでいるようなんですが、よほど不健康な時代と云うことでしょうか。

◎そうよ、レオナルド・ダ・ヴインチが、健康の為ならあらゆる努力を惜しまなかったと云うことは、如何に不健康な情況から逃げられなかったと云うことだよ。

——太古の昔から健康問題というのは、一種の謎だったともみられる。

◎むしろ自明のことだったと云うべきじゃないの。

――どうしてです。

◎例えば、ダ・ヴィンチもミケランジェロも世帯を持たなかったわけで、健康問題についてはきわめて敏感であったとみられる。

――先生はその点についてはよく理解できる。

◎しかし、モナ・リザやヴエアトリーチェに対するあこがれの気持は人一倍に強かったことを忘れてはいけない。

――では先生の健康法をここで紹介して頂きたいと思います。

◎それははじめのところで云ったでしょう。

――まさか、不健康が最良の健康法だなどと云うのじゃないでしょうね。

◎だって、不健康なミケランジェロが八十九まで生きて、健康的であろうと努力したダ・ビンチが六十七歳で天寿をまっとうすることになるのは、一体どういうことなの。

――やつがれが考えますにおそらく状況を念頭におかないで管理栄養士みたいな視点で健康問題を語ってもあまり実践的とはいえないと思われます。

◎ダ・ヴインチの健康法に反するミケランジェロの詩をひとつ紹介しておくよ。長命の秘訣として……。

わたしはこの困厄の中でもう喉を害《いた》めてしまった。まるでロンバルディアやあの辺りの澱んだ水で猫がやられるように。そこで腹は胸の下へじっと引きつけられ髯《ひげ》は天を向き、うなじは肩にくっついている。わたしはまるでアルピアのようだ。そして、顔の上にある筆が滴を落として顔を彩られた床模様にするのだ。

腰は腹へめり込んで臀骨で体の平均をとり、目前《さき》めくらで足を空に動かす皮に冑は前に引き延び身を後に屈めるとまた皺よる。わたしはアッシリアのアーチみたいにふんぞり返る。

こんなわけでわたしの思考は曲りくねり汚れて頭から湧き出る。曲った火縄銃を撃っても駄目なように。わたしの死せる絵とわたしの栄誉を、ジョヴアンニよ、今守護《まも》ってくれ。
この場所は悪いし、わたしは絵描きでもないのだから。

――この詩はミケランジェロの健康法と云っていいですね。

◎そうだ、我々も不健康で、空気の汚れた場所へ行こう

――それは何処ですか?

◎どこだっていいじゃないの……。

彼岸花

――先生、このところ外国旅行が続いていて国内の旅行はあまりないようですが。

◯いや、そうでもないよ。先日は学会で、大分の方へ行きまして、そのあとこれも学会で京都です。

――京都ですと列車でしょうが、大分ですと飛行機を利用になりますか。

◯そうですね。

――寝台夜行列車、いわゆるブルートレインを利用することはあまりないんでしょうね。

◯暇と金があればブルートレインもいいのですが。

――私の場合は、金はないけれども、暇がありま

すのでブルートレインに乗ることは多いです。
○あれはどうですか。九州まで乗るとしてどのくらい掛るもんなんですか。
――料金ですか、時間ですか。
○両方だよ。
――先日、新聞記事にでてましたので、金と暇を報告させて頂きます。
〈はやぶさ〉
所要時間＝十七時間四十六分
運賃＝二万四、一五〇円
〈富士〉
所要時間＝十七時間十四分
運賃＝二万三、七三〇円
○始発の駅と終着駅はどうなってるの。
――はやぶさは東京から熊本まで、富士は、東京から大分です。
○どうも中途半端な運行ですね。
――そうなんです。一九六〇年にスタートするはやぶさは鹿児島までだったんです。富士も宮崎まで走ってました。
○そうそう、思い出しました。当時の富士はハネムーン列車と呼ばれていた。
――松本清張の『点と線』では、あさかぜが使われていた。
○北帰行のブルートレインは廃止されないようだが、あれはどうしてなの？
――新幹線が決定的に影響していると考えられますね。
○どうして……。
――九州方面のブルートレインは、空気を運んでいると言われるくらいガラガラなんです。夜行寝台列車は、一種の走る密室状態で、眠れない人にとってあれは地獄の苦しみです。特に女性は駄目でしょうね。一度乗ったら二度と乗らない。
○どうして……。
――乗った経験がないと判らない。

○それはいいとして、新幹線が決定的な影響しているというのは、どういうこと。
――国鉄＝ＪＲは、在来線を差別し、新幹線に乗せる為に、ダイヤ改悪をやった。
○それからどうした！
――安来節じゃないんですから、変な間の手は入れないで下さい。
○次はなんですか？
――食堂車を廃止した。
○新幹線にもない。
――昔はあったんです。
○それからどうした！
――要するに人々は速い方を選んだわけだ。日本の経済と同じです。時は金なりということになった。
○それはごく普通の選択じゃないの。
――世は歌につれ、歌は世につれという塩梅で、蟹工船の時代へまっしぐらに突き進んで行きました。
○それからどうした！
――裏の柿の木です。
○どうにもならないのか。
――「花のいのちは　短くて　苦しきことのみ多かりき」であります。
○花の心配をしている場合じゃないだろう。「いのち短かし、恋せよ乙女」だろう。
――花でおもいだしたんですが、彼岸花というのがありますね。
○俗名まんじゅしやげ
――俗名死人花。
○俗名捨子花。てんがい
――天蓋花。
○さらに幽霊花、狐花。
――あまりかんげいされていないようなんですが……。
○そうでもないよ。まんじゅしゃげ祭りをやっているところもあるし、小津安二郎も『彼岸花』という作品があるくらいだからメジャーとはいわんが、マイナーではないと思うが……。

――そうですか、では先生。この高浜虚子の俳句はどういう状況をよんだものか……。

曼珠沙華あれば必ず　鞭うたれ
○他にないのかね。もう少しましな俳句。
――もちろんありますけれども。
○そのましな俳句というのをいくつか紹介してくれよ。
――わかりました。ましなのをみつくろって紹介します。まず江戸期のものから。
①悲しとや　見猿の為に　曼珠沙華　其角
②弁柄の　毒々しさよ　曼珠沙華　許六
③曼珠沙華　蘭に類ひて　狐暗く　蕪村
○彼岸花のイメージは現在とはだいぶちがっているようだな。
――次にごく現代に近いものから。
①露の香に　しんじつ赤き　曼珠沙華　蛇笏
②曼珠沙華競馬の馬を　あゆまする　秋櫻子
③曼珠沙華　河口にちかき　川流る　誓子
○名人上手たちの句を拝見すると、江戸期の作品は、曼珠沙華を毒々しいと云、現代になると真実赤いとみている。いずれにせよ異様な花となっている点では同じだな。
――広辞苑によると、たしかにそのような意味だと書いてある。
○どういう説明なの。
――梵語《ぼんご》　manjusaka　天上に咲くという架空の花の名、ヒガンバナの別称とあります。
○彼岸花というのは正式な名称ではないわけだな。
――岩波書店にいた小林勇が『彼岸花』という書名の回想集を出版していますが、小林勇の彼岸花に対するイメージはだいぶちがってます。
○書名にするくらいだから、悪いイメージではないだろうなあ。

――『彼岸花』のあとがきによると次のようになっている。〈数年前から贈られた白い彼岸花が、今年も庭の隅で咲いているのを発見したのは、彼岸入りの日の朝であった。そのさびしげな花を見たとき、まだ決まらずに心にかけていたこの本の題名が、すっときまった――中略――彼岸花にはたくさんの別名があることを知った。多くは仏教に結びついているようだ。その不思議な形から来た名前もあると考えられる。日本の彼岸花の染色体は三十三であるから、実を結ばない。球根でしかふえないということを知った。そこで私の彼岸の人々も三十三人にしようと考え、祖母のことを書き加えた。〉
○その三十三人とはどんな人々なの。
――名取洋之助、中谷宇吉郎、長与善郎、小宮豊隆、小泉信三、安倍能成、寺田寅彦、安井曾太郎、狩野亨吉、児島喜久雄、野呂栄太郎、永井荷風、小泉丹、兼常清佐、鈴木大拙、幸田露伴、高見順、佐々木茂索、渋沢敬三、高村光太郎、初代中村吉右衛門、馬場一路居士、斎藤茂吉、岩波雄二郎などです。
○漱石は出てこないのか？
――はい、出てまいりませんが、夏目金之助には、曼珠沙華の句が二つあります。
○どんな句だ。
――曼珠沙華あつけらかんと道の端
仏より痩せて哀れや曼珠沙華
○やはり漱石は、俳人としても一流であったわけだな。
――虚子の句はどうなるんですか。
○裏の柿の木だよ。
――神楽坂でじっくりとうかがいたいと思います。
○志満金か。
――はい、柿なますなんかいいんじゃないでしょうか。

――そうか、じゃ、そろそろ出掛けましょうかね。
――曼珠沙華　あれば必ず　鞭打たれ
これはどうなるんでしょうね。
○どうもならんよ。

残酷な料理方法

――最近、先生の生活態度は、不規則になったんじゃありませんか。不規則というよりは乱れているといった方があたっているような気がします。

どうしてですか。私の生活にはいっこうに変化はありませんよ。

――おかしいなぁ―電話が通じないので、家を空けることが多くなったのではないかと思っていたんですが。

たまたま私が留守している時に電話をかけたのとちがいますか。

――ところで、今回は、先生の好きな中華料理の話をうかがいたいと思っておりますが、いかがですか。

私は、中華料理が好きというわけじゃありませんよ。鰻は好きですけれども。

——鰻は、日本料理ですか。

鰻は、国際料理じゃないでしょうか。日本にだけしかいない魚じゃありませんし、これくらい国際的な魚は他にないんじゃないでしょうか。

——そういえば、『ブリキの太鼓』という映画にも、鰻料理がでてきましたね。それは、ダンツィヒ（現グダニスク）という都市が背景になっていて……

そうです。ギュンター・グラスというドイツの作家の小説を映画化したものですね。主人公はオスカルで、その鰻のシーンはこういう状況なんですね。〝オスカルはマツェラートと沖仲仕のところに留まっていた。なぜなら、ふたたび帽子をかぶり直した沖仲仕が実物を見せながら、なぜじゃがいもの袋に半分荒塩を入れておくのか説明してくれたからだ。鰻は塩の中を動きまわって死ぬ。そして塩が表面と内部のぬるぬるを取ってくれるので、袋の中に塩を入れておくのである。つまり、鰻が塩の中にいると、もはや動きまわることをやめないので、いつしか動いているうちに死んでしまう。そして塩の中に鰻のぬるぬるが残るという寸法なのだ。鰻を後で燻《くん》製にしようと思うときこうするのである。このやり方は警察と動物愛護協会から禁止されているのだが、それにもかかわらず、鰻のほうが動きまわらずにはいられないのだからしかたがない。塩がなかったら、ほかにいったいどうやって、鰻とその内臓からぬるぬるを取ることができよう。その後で、死んだ鰻は、乾燥した泥炭できれいに拭われ、燥蒸器のぶなの薪の上に吊されて燻製になるのである。

だいぶ日本式の鰻の料理のイメージとはちがっている。

——西洋式の鰻のイメージは、そうしますとどういうことになるんでしょうか。

塩を使用するところがまずちがってますね。たしかに、塩を付ければ、ぬるぬるがとれてつかみやすいのは事実だけれども、これは、つかみやすくするために塩をつけているのではなく、料理法のちがいがこういうことになってきていると考えられる。

――それにしても、塩をつかってぬるぬるをとる方法は、警察と動物愛護協会から禁止されているというのは、どういう意味なんでしょうか。

どういう意味って、そりゃ、特殊な意味があるとは思えない。要するに残酷だということなんでしょうね。

――そうしますと、日本の場合は、かなり残酷なことをやっているということになる。

例えば、どじょう汁の場合、豆腐を入れた鍋の中にどじょうを投げ込む。水がたぎってくると熱いので、どじょうは豆腐の中にもぐり込んでしまう。

あ、あれね。だけど、どじょうというのは外国でも食べるのかね。それにしても、日本の場合、動物愛護協会は、こういうことに対して、クレームをつけたりはしないし、警察が禁止するということはまずありえない。もしあるとすれば、背からさいたり、腹からさいたりするのはどうなるのだろうか。殺し方に非人間的な方法と人間的な方法があるということになる。

――フランス料理なんかも、よく考えてみると、かなり残酷なことをやっている。

ところで、話は、何でしたか。残酷さということなんですか？

――いえ、料理のことについてなんですけれども、どうしても、料理の場合、魚肉にしても動物の肉にしても、残酷さがともなうということなんですけれども……

鯖や、鰺の料理というのは、どうやっても文句がでないけれども、イルカや鯨になるとイギリスの動物愛護協会あたりが、日本にまで出張してきて文句をつける。それはほ乳類だから殺してはいけないというのだけれどもどう考えても、特定の国の習慣というか風習というのを押し付けているという感じがしてくる。鯨のさしみは大変美味なものなんですけれども、アメリカやイギリスあたりでは、鯨と聞いただけで、食欲がなくなってしまうようだ。

——仔牛の丸焼きなんかでも、首をそっくりついたのなんかを見てると、どうして食卓にそういうものを残したまま運んでくるのかと不思議で仕方がない。

カーニバル、いわゆる謝肉祭というのがあって、動物との関係が、食糧という点で一致しているけれども、これもかなり手前勝手な話だと思われる。肉食文化と米食文化のちがいというのが、料理方法にあらわれているといってよい。さきほどの鰻なんかは、そのことを象徴的にあらわしていると思いますよ。

——それにしても、料理の方法もそうなんですけれども、ギュンター・グラスがしつこく鰻のことについて書くという姿勢は、個人的な性格というよりは、文化圏のちがいという気がする。

材料について、しつこく問いつめるというのは、大切なことのように思われます。

例えば、調理師が知名度の高い人だとすぐに信用してしまう。フランス料理だとすぐに高級な人だと思ってしまう。食べものに対してのしつこさがないんですね日本という国は。

この国くらい、外国の料理が日常的に食べられるところはめずらしいのとちがいますか。

——そういえば、私なんぞでも、昼食に、日本料理などを食べることはまずない。中華、洋食、朝鮮料理（これは焼肉である）などである。

食べるものは、インタナショナルで、その味覚は、ナショナルな傾向がくっきりあらわれている。

あなたの場合、特定の店を決めて食べに行くことが多いでしょ。

――はい、ほとんど決定されてしまっているといった方が正確ですね。

どうしてそうなるかといいますと、期待している味がすでにあって、その期待に応えてくれる店に行くことが多くなる。しかし、その期待が裏切られると、ほとんど行かなくなってしまう。そうでしょう。

――そのとおりですね。

要するに、単純ということなんですね。W・ベンヤミンがこういうことを言っている。

〝食事のことでかつて羽目をはずしたことのない人は、決して食事を経験したことがなく、これまで食事をしてきたとはいえない。節度を守ることでせいぜい食事の愉しみくらいは知るだろうが、食事にたいする食欲さ、貪欲の平坦な道から逸脱してむさぼり食らうという原始の森に至る道筋を知ることはない。つまり、むさぼり食らうことにおいて、欲求の際限のなさとその欲求を鎮めてくれるものの同形式性という二つが和合するのだ。むさぼり食らうという言葉はなかんずく何かを徹底的につめ込むことを意味する。楽しみながら食べるよりもむさぼり食らう方が、平らげた食物の内界に深く入り込むことは間違いない。……〟

――先生、もうそのくらいでけっこうです。

これからだというのに……

職人の味

――先生、昼食はどういうものを食べるんですか。どういうものって、和・洋・中のうちのどれかということですか。

――そうです。

そりゃ、和ですよ。和をもって尊しとなすというじゃありませんか。

――その場合の和というのは、日本という意味じゃなくて、和合、平和のということですよね。

そうです。日本のことを和というのは、外国のことでして、倭というのが原語ですよ。つまり、中国、朝鮮から呼ぶとこうなるわけです。和風というのは、日本風ということですね。いやに難しい顔をしてますが、どうしたんですか。

――いえ、どうもしませんけれども、和風、洋風というのが一般的に使われていて、特に料理の場合はこういう言い方をする。

日本食にしますかとはたしかに言いませんね。この場合は日本料理となる。

――和風ラーメンというのが発売されておりますけれども、これなんかうまいネーミングじゃないかと思います。

そうですか、よくできているんですか、チキン、ラーメンに比べると若干落ちるんじゃないでしょうか。

――落ちるで思い出しましたけれども、牛丼をめぐってダイエーとセゾングループが競争をはじめたそうです。

そうですか、うちの学校では、学生たちが授業料の納入方法について、不満があるといってストライキをはじめましたよ。

――そうですか、それはどうも大変けっこうなことですね。

どうしてけっこうなんですか。

――学生は不満をもたなければいけないし、またそれを行動に移さなければいけないのとちがいますか。

ところで牛丼の方はどうなっているんですか。

――新聞の記事によりますと、こうなっています。〈ダイエーは、牛丼の専門店を首都圏でチェーン展開するため来月二十二日、東京恵比寿に第一号店を開く、と発表した。牛丼は、セゾングループが出資している吉野家ディー・アンド・シー（本社・東京都新宿区）が先行、この不況下で好業績を上げているが、ここにダイエーが乗り込んできた形だ。

店名は「神戸らんぷ亭」、ダイエーグループの一つで和食レストランの蔵椀（同・港区）が経営する。肝心の価格は「適盛」が三九〇円。吉野家で言えば「並」に相当するが、こちらは四〇〇円。同様に神戸らんぷ亭の「得々盛」は六四〇円。吉野家の「特盛」六五〇円に比べ一〇円安くしている。ダイエー側は「牛肉の量はすべて吉野家より二割多い」と吉野家への対抗意識を鮮明にしている。〉

これは一種の牛丼戦争ですね。

牛丼は昼食のメニューとしたらけっこう評判がいいようですね。

――安くて、早くて、旨いという三拍子揃ってますからね。

大学も安くて、早くて、旨いという学食をつくれば……

――ストライキは阻止できるのではないかと考えているんじゃないでしょうね。

実はそのとおりでした。

――それは非常に甘い考え方でしょう。

やっぱりそうかね。

――人形町の甘酒横町に横浜屋という牛丼屋が

ありますけれども、これなんか、吉野家へお客を送り込むPRをやっているようなもんですよ。

つまり、マズイということなんですね
――はっきり言えばそうです。

何がそうさせるんですかね。

――私の考えでは、まず味がブレないことが第一ですね。その次は、店員の質です。この二つの要素でほぼ九割は決まってしまうように思われます。

そうすると、君は、牛丼を昼食にすることが多いんですね。

――もちろんです。老後は牛丼屋を開こうかと思っているくらいですから。

それはやめた方がいいですよ。

――どうしてです。

つい先日は、珈琲屋を開く予定だと言ってませんでしたか。

――そんなことを言いましたか。

その前は、うなぎ屋じゃなかったかと思いますよ。

――先生、実は、柳川の若松屋の板前さんが亡くなって……

えっ、それじゃ有明海料理はもう食べられないということですか。

――残念ですが、そういうことになってしまいました。

いまもよく夢を見ますよ。

――どんな夢ですか。

食べきれなくて、残してしまったことが悔まれて、夜中に目を覚まします。

――それでは故人をしのんで今日はうなぎにしましょうか。

それはいいですね。

歯医者の〝かくし味〟

——先生、歯医者に通っているそうですが、どうなさったんですか。

歯がいけないいんだよ。そんなこと判りきったことじゃないか。

——何かありましたね。

あったなんてもんじゃないよ。

——よほどひどいことだったようですが。

金冠がとれたんだよ。それでもう一度かぶせてくれるように言ったわけなんだけど、ごく普通のケースだと思うよ。

——そうですね。それ普通のケースですね。

ところが、これが異常なケースになっちゃったんだ。

——やはり、そうですか。

それはどういう意味かね。

——どういう意味かって言われても説明のしようがないんですけれども……。

だから「やはり」とは何だと聞いてるんです。

——「やはり」ということは、やっぱりとか、予想されることが、おこる時に使用される言葉ですよね。

そうだ、そこまではいい。その先をいいたまえ。

——要するに、先生の場合は、あらゆることが普通に進行しないということなんです。

そうなんだよね。どうしていつも普通に物ごとが進行しないんだろうかって、考えることがあるよ。これはやはり、私自身に原因があるんでしょうね。

——そうです。

そうはっきりと断定されると、何だか私がノーマルじゃないように聞こえるよ。「デリカテッセン」と同じくらいアブノーマルですか。

——先生もあれご覧になったんですか。

ええ、やっと観ることができましたよ。

——それで、如何だったですか。

けっこう旨かったという言い方があたっているかな。

——その表現はピッタリしてるんじゃありませんか。

そう思うかね。映画は一種の料理みたいなものだから、旨い、まずいという言い方は、けっこう評判がいいようです。

——他所でもそんなことをしゃべってらっしゃるんですか。

もちろんです。

——講義の時にはおやめになった方がいいですよ。

どうしてなの。

——やっぱり普通じゃない。

もういいよ。その「やっぱり」とか「普通じゃない」という話は。

——それじゃ、歯医者の話のつづきをお願いします。「歯医者」と「デリカテッセン」には共通項があるんです。何だと思いますか。

——普通じゃないこと。

残念、そうではありません。

——アブノーマルだということ。

いいかげんにしないと、怒りますよ。

——申し訳ありません。共通なものというのは、もしかして、両方とも銀座に関係があるんじゃありませんか。

実はそうなんです。シネスイッチというのは銀座文化のあったところで、歯医者は銀座三丁目の場外馬券売り場の近くにあるんです。

——ところで、その歯医者なんですけれども何があったんですか、まさか人肉を食う為の入れ歯をつくっているというんじゃないでしょうね。

そうじゃないんだ。食えなくなっちゃったんだよ。

——もしかして、ウエイトコントロールの方の処分もやったりして。

それは考えられないことだよ。

——どうしてですか？

だって考えてみろよ。歯はなくなったって食えますよ。飲みこんじゃえばいいんだから。

——それはそうですけれども、それでどうなったんですか？

どうにもならないよ。

——つまり、裏の柿の木ですね。

そのとおりだ。

——いずれにせよ、命に別状はなかったのだから良しとしなければいけないんじゃありませんか。

そういうことで歯医者に通う、わが国の歯の痛い人々は恐怖です。

——でも、上手な歯医者もいる。

それは居る。これは一種の敗者復活というのだそうだ。

——うまい、先生、段々とさえてきますね。

そうでもないよ。このへんで私も復活しなければいけない。

——今、流行のルネッサンスですね。

そうだ、あらゆるものが復興する時代なんです。

——そういえば、「シネスイッチ」で入場券を買う時に、先生の大学の学生が証明書がないのに学生で入ろうと努力してましたよ。

それはなかなかみどころのある学生ですね。「デリカテッセン」を学生で観るという発想は大変よいことです。

——そんなもの、発想とかいうことじゃないのとちがいますか。

じゃ、いったい何なんです。

——要するに、今どきにしては、めずらしい貧乏学生だというだけじゃありませんか。

しかし貧乏学生が、銀座まで出掛けて行って、

「デリカテッセン」を観るかね。

——それは観るでしょう。何だって、食糧欠乏時代の話なんですから。

食糧難という言葉はもう久しく聞かないけれども、どうなっててるのかね。

——それは、裏の柿の木でしょう。

やっぱりそうか。

——わが国は、すでにすべての面で自前でやっていけるような状態ではなくなってきている。

借用の黄金時代だものなあ。

——先生だって、あっちこっちにローンの支払いをかかえているじゃありませんか。

君ほどじゃないよ。そういえば、どこかの雑誌に、「人はローンの支払いのみに生きるにあらず」というのがあった。

——歯も自前でいきたいのですが、歯医者の考えは、どうして、借用にするかばかりを考えている。

それなんだ、やっと判ったよ。あの銀座の歯医者は、私の自前の歯に対して、ジェラシーを感じて、借用歯にしようと考えた。

——そうです。先生は、イケニエになったのです。二度と行くまい銀座の歯医者、自前の奥歯が駄目になる。

——それはちがうでしょう。二度と行くまい丹後の宮津、縞の財布が空になるでしょう。

そうだ、それがどうした。

——どうもしません。

君もみてもらった方がいいよ。

——どこをですか。

いろんなところだよ。

注文の多いラーメン屋

――先生、三月の地震騒動のときに、伊豆へおいでになったそうですが、如何でしたか？

大変けっこうでした。

――どんな風にけっこうだったのですか。

そんなこと云えるわけないでしょう。

――どうしてです。

あなたもしつこいね。要するに最高だったということです。流行の言葉で表現すると、超カッコイイんです。

――カッコイイというのは、形態のことですから、伊豆がけっこうだったこととはあまり関係ないのとちがいますか。

だから、云えないといったでしょう。カッコイイのは、伊豆じゃなくて、我々が乗ったクルマなんです。クライスラー社の4Wの〝チェロキー〟で、それがまっ赤な奴で、もう最高だったすよ。

――先生、大丈夫ですか。

何が大丈夫か、ですか。

――体の調子がどうかなあということです。

そういえば、こんな話を珈琲屋で聞いたんですが、あなた、聞きたいですか。

――はい、是非におきかせ下さい。

そうそう、そういう態度が恩師に対するものです。その話というのはですね。大宮のラーメン屋なんですけれども、週刊誌だかに評判の店というので紹介されたそうなんです。

――その手の店は人形町にも沢山ありますけれども、鼻が高くなっちゃって、客をあしらうようになるんです。

それなんだよ。このラーメン屋がお客にいろいろ注文をつけるんだそうです。

――注文の多いラーメン屋ですね。

そうなんです。店主に云わせると、このラーメン屋は、〝図書館より静かなラーメン屋〟を自認しているんだ。

――何ですか、それはちょぃと変ですね。

それればかりじゃないよ、本を読みながらラーメンを喰べるな！　からはじまって、子供が騒いだら出て行け！　音を出して喰べるな！

――先生、その最後のはウソでしょう。

実はそうなんです。まあ、いずれにしろ、珍奇な店であることはたしかです。

――C・Sの時代に、奇徳な店ですね。

そのつづきがあるんだが、聞きたいかい。

――はい、よろしくお願いします。

よろしい。その鼻もちならぬラーメン屋に暴力団風の男が六名入っていったと思いたまえ。この六名というのがけっこういいですね。

――ろくでなし、というわけですか。

そのとおり！　そこで彼等は、モヤシラーメンを注文したんだ。

――モヤシですか。

そうなんだ、なんでも、この六名のうちのひとりは、モヤシが駄目で、モヤシ抜きラーメンにしてくれと云ったんだ。

――それはちょぃときついじゃありませんかね。モヤシがモヤシを喰ったら友喰いになると考えたんでしょうか。

そうかもしれない。その時店主はすこしもあわてず、〝そんな注文はうけられない〟と断ったんです。そこでモヤシは怒っちゃった。ドンブリを六つ割っちゃって、スゴンだんです。

――どんな風にスゴンだんですか。

モヤシ風の暴力団員が云うには、〝俺はサァ、モヤシは昔っから駄目なんだよ。そんなことも判らないダスか〟とね。

――その暴力団のモヤシ君は、群馬県の出身なん

ですか。

いや、出身地までは判らないが、〝グンタマチバラギ〟がどうしたというようなことを云ってましたそうですから、群馬県、埼玉県、千葉県、茨城県のいずれかでしょう。

――それからどうなったんですか。

当然のことながら、警察へ電話をして、オマワリさんを呼んだんです。

――で、暴力団風の方々は、暴力の現行犯ということになったんですか。

そういう結果ならば、この話ははじめからしておりません。

――と云いますと、そうはならなかった……。

警察が事情を聞いて、云った言葉はですね。こうなんです。〝おまえが悪い〟

――おまえとは誰なんです。

ラーメン屋の店主です。

――いちどそのラーメン屋に行ってみたくなりましたね。

そうですか。案内図を差し上げましょうか。

――いえ、けっこうです。

それにしても、図書館より静かなラーメン屋というP・Rフレーズは効果的ですね。

――図書館はけっこう騒々しいですから、なるほどと思われるし、本を読んじゃイカンというのも、今風でいいですね。

それにしても、オマワリさんの一言はボーナスを差し上げていいでしょう。

――〝おまえが悪い〟ですか……。

〝もう君には頼まない〟というのがありましたが、その次くらいに上出来ですね。

――ミロのボーナスの次でしょう。

ああ、それは足利銀行ね。

――アシカガよろしくじゃないですか。

その前だよ。

――足利銀行はまだあるんですか。

銀行名	期限	景品
東京三菱	5月31日	ミッキーマウス時計。とらべるうおっち、スーツケース
第一勧銀	5月9日	懐中時計、ファクス電話、MD プレーヤー。Jリーグチケット
三和銀行	4月30日	モーニングバスケット。皿時計。ギフトセレクション4万円コース
富士銀行	5月30日	目覚まし時計。時を刻む手帳。ギフト券2万円
住友銀行	4月30日	壁掛けポケット。目覚まし時計
さくら銀行	4月30日	システム手帳か CD-ROM。DVD プレーヤー。MD ウォークマン
あさひ銀行	5月30日	時計付きペンスタンド。DVD プレーヤー。携帯電話。旅行券3万円
東海銀行	5月30日	システム手帳。バックスピロー。トゥイティランプ
大和銀行	4月30日	ウルトラマン伝言ボード。ファクス。空気清浄機。フィットネスバイク

馬鹿云っちゃイカン、もう倒産したよ。

――ジョウダンでしょう。

実は、ジョウダンです。

――そういえば、都市銀行がいろんなサービスをやってますね。

東京三菱銀行の人形町支店で、円をポンドに両替したら、カメラをもらいましたよ。

――カメラをくれるですか？

そうだよ「コダック、スナップキッズEX」というだ。

――判りやすく云えば、レンズ付フィルムでしょう。

そうです。もっと判りやすく云えば、使い捨てのカメラということです。

――銀行はどこもプレゼントをしまして、「あさひ銀行」なんか、旅行券三万円ですよ。

それはすごいですね、伊豆へ行くまえにおしえてほしかったよ。

——いえ、先生は駄目です。
どうして駄目なんだ。
——これはですね、新社会人の給与振り込みの新口座をつくった人だけです。
わたしも新人なんですけれども……。
——どこがですか。
いろんな意味でだよ。
——どういう意味でですか。
まあ、いいじゃないのあんまりしつこいことを云うと、暴力団風の男を呼ぶよ。
——〝おまえが悪い〟ですか？
そうだ、おまえが悪い。

古本のベル・エポック

——先生、柳河へは何日おいでになるんですか？
○八月のはじめだよ。
——「御花」にお泊りになるそうで……
○そうです。
——やはりウナギが主目的ですか。
○「若松屋」のウナギというのを一度食してみようと思うのだよ。
——お気に召すといいのですが……
○なんで君がそう気を配るのかね。
——やはり旨くなければいけませんから。
○それはそうと、君は先日神保町のK書店を呼んだそうじゃないか。
——はい、呼びました。

○それで、おもしろいことでも発生したか。
——いえ、おもしろくないことが発生しました。
○黒猫か。
——尾も白くない。なるほど、やはり先生はキザですね。
○キザでもヤボでもいいが、K書店はどうなったんですか？
——どうにもならないのです。
○裏の柿の木か。
——神保町は末期症状で、展望がないのだそうです。
○どんな風に末期なのか、活字のメディアが駄目になったと云われて久しいのだがどの業種にも末期症状はあるのだ。例えば、映画産業、最近ではカメラ業界がデジカメに押されて、フィルムなんぞは見たこともないというのがいる。
——〝鶴が死ぬのを亀が見ている〟という川柳はけっこう出来がいいわけですね。
○そうだ、末期特有の現象があっちこっちにできている。
——神保町の現状についてK書店の店員が云うには、古本が売れない、汚れているのは全く商品にならない、単行本は文庫本に入ってから買う、蔵書は持たない、情報はパソコンで間に合せる。とにかく、早い、安い、旨いの三拍子が揃わないと客が寄り付かない鮨屋と同じになってしまったそうです。
○そんなことは二〇〇〇年昔から判っている。いわば常識みたいな話だ……
——そうなんですか……
○それで君の蔵書の値段なんだが、いくらだったの？
——三千円だと云うんです。
○遅い、高い、まずいの三拍子が揃っていたわけだ。いえ、私は納得がいかないので、売るのをやめたんです。

○なに！　神保町から高速を飛ばしてレギュラー一リットル一八〇円のガソリンを燃して走って来た書店を手ブラで帰したの？

——はい、そうです。

○よくやった。

——おそれいります。

○ところで、ちゃんとした本を売るつもりだったんだよなぁー。

——それはもう、古書の見本みたいなものばかりを。

○どんな本ですか？

——安吾全集、ハーバート・ノーマン全集、本の手帖（八十四巻揃）、希望の原理、小林秀雄全集（皮製）、ゲーテ全集、花田清輝全集、中野重治全集。

○判った判ったもういいよ。どれもこれも前世紀の人々で、現存しない作家ばかりじゃないか。

——そうなんです。本屋が云うには、古本のベル・エポックのイメージを忘れられない方のようですねと指摘された。

○それは、まちがってないんじゃないかと思われるが……

——古本のベル・エポックなんて時期があったのでしょうか？

○それはあったよ。たとえば、マクルーハンがその著作『グーテンベルクの銀河系—活字人間の形成—』の中でこう述べている。それは「中世における本の売買は、今日〈巨匠の絵画〉が売買されるように、中古売買であった。」

さらに彼はつづける。

「だが、印刷文化とは『悪い文化』であるという印象を残してはいけないので、均質性は今日の電子文化とはまったく相容れないものということだけを確認しておこう。写本文化のもつ意義は十八世紀には縁遠くなる時代の前半に住んでいるのである。」

――活字文化と電子文化のカオス状態におけるわが国の古書街の展望ということになってくるのでしょうか。

○そんなケチな話じゃないよ。日本の文化総体の問題なんだよ。

――若者たちの活字離れをなげいている場合じゃないわけですね。

○若者たちがどうのこうのという手合いは商売がうまくいくかどうかを心配しているゴロツキ、与太者のマーケティングであって、まして古書を商う者たちが、サギ師まがいの科白をまくしたてているのを聞くと、世も末、末期現象は当然だと思うよ。

――ところがですね、先生、驚かないで下さい。「神保町が好きだ！」というタイトルの雑誌があって、その創刊号にこんなことがのっているんです。

○何がのってるんだ。なにやっても裏の柿の木だぞ。

――詩人、中村稔がこんなことを誓いている。

「古書を愛する書店主の集まって自ら醸しだされている全体の雰囲気です。しいてスポットをあげれば、かつて「ランボウ」から第一次戦後派文学の重要な拠点であり、その二階にあった昭森社、書肆ユリイカ、思潮社から戦後時の核心の多くが送りだされていたのです。この路地は私の青春と分かちがたく結びついています。」

○そうか森谷均や伊達得夫が居た神保町はたしかにベル・エポックだったよ。ところで、その森谷均の「本の手帳」八十四巻揃いの値段はどうなったんだ。

――それが泣けてくるんです。

○うれしくてか。

――いえ、なさけなくて。

○どうしてなさけなくて泣けてくるんだよ。植木等じゃあるまいし。

——それがですね、あれは売れないので、はじめから置いていくつもりでした。と云うんです。
○それは、古書がどうのこうのという問題じゃなくて、店員の知識の欠落じゃないのかね。
——はい、そうだと思います。
○神保町が好きだか嫌いだか知らない、古書のオヤジ達は、儲けることに血道をあげて、できたら、株で大儲けすることを夢みているのだよ。
——先生、なかにはまだましな本屋もあるんでしょうね。
○どうだか、活字離れで、商売があがったりなんぞと店員に云わせているような本屋ばかりじゃないのか。
——そろそろ神楽坂へでかけましょうか。
○もうそんな時間か。

本居宣長と良寛和尚

——先生、今年の桜は如何でしたか。
○桜、そうか桜であったか。
——縁日のイカサマバクチじゃないんですからサクラ、サクラと連発しないで頂きたいのですが。
○そうかサクラであったか。
——桜はやはり本居宣長ですね。
○どうして。
——敷島の大和ごころですから。
○朝日に匂う山桜花というやつか。
——そうです。
○そういさぎよいのも考えものだぜ。
——ところで先生、軍艦や煙草の名前には似たところがありますね。

○それは戦時中のことだろう。
——このごろはカタカナで、イージスなどという。
○どういう意味なんだ、そのイージスとやらは……。
——よく判りません。
○そんなことくらい調べておけよ。
——はい、申し訳ありません。
○そういえば、こんな句を作ったのがいるんだが、判るか?
——どんな句ですか。
○〝春一番洗濯物は　イージスか〟というんだが。
——判りません。
○判らんよなぁー。
——散る桜　残る桜も　散る桜　なら判るんですが。
○それはどういうんだ。
——良寛でしょう。
○作者じゃなくて、意味だよ。
——そのまんまじゃありませんか。
○サクラサク、サクラチルという電報を貰ったことがないな。
——そんなミゼラブルな経験がないので、判りません。
○では調子にのって作ったという句を八つならべてみよう。

㈠　いたわしやオババの騒ぐ北の春
㈡　春泥や呂律怪しき読み合せ
㈢　春や春福翁自傳の伸びやかさ
㈣　エコエコと北極熊は吠えにけり
㈤　黄沙来る鮫子の味に似たるかな
㈥　初音あり豆腐の値上り二十円
㈦　人恋し弥生まぢかの空の色
㈧　雛飾るメダカのクシヤミ二つ三つ

——こんな風にならべられますと、一種独特の味がありますね。

○俳句というのは、世界的に云えば最も短い詩だということになっているけれども、十七文字、三十一文字の短歌これは別名和歌とも云うが、一句、一首では、作品としては成立困難ではないかと思われる……

——芭蕉の句は十七文字で完結しているけれども、その本領は連句にあるように思われます。

○よくぞ云った。座布団二枚くらいは差し上げられるぞ。

——そうですか、ありがとうございます。

○連句に本領があるというのをもう少し、説明をしてくれるか。

——その前に、座布団の説明を先生の方から先にお願いしたいのですが……

○山下棋聖が正座で対局に及ぶというやつであるか。

——いえ、洋服生地が背広ではなく、座布団の皮になってしまったというのです。

○あれはいいよ。もう時効だから。日銀がまだしっかりしていた時代の幻覚みたいな話だよ。

——一万田が日銀を駄目にした時代ですね。

○あの頃はよかったよなあ……

——過去ばかりなる老の春

○明日はかたきにくび送りせん

——花ははや残らぬ春のただくれて

○瀬がしらのぼるかげろふの水

——こんな説明じゃいけませんか。

○日銀総裁を選んでいるんじゃないんだから、もう少し楽にいけよ。

——それにつけても人の恋しき

○たしかに。

——そういえば、先生、イージス島においでになったそうで、如何だったですか？

○イースター島だよ。

——桜の咲く頃は、イージス島、いやイースター島だったんですね。

○今年は花もカードもなかりけり裏の空家の春の夕暮だよ。
——とすると、イースター島は、駄目だったと云うことですか。
○まあ、そんなところだよ。
——どうにもならない裏の柿の木
○鶴が死ぬのを亀が見ている
——川柳の時代ですか、今は……
○ところで、はじめにあげた五・七・五は、俳句か川柳か。
——そういえば、時代の先端を走っているような五・七・五ですね。
○作者も、句というところを消して五・七・五と書き直しているから、川柳かもしれないなあ。
——新奇なところがいいんじゃありませんか。
○いたわしや人は居らぬか永田町
——ヨツシヤ、ヨツシヤで国の傾く
○もうそのくらいにして、先を急ごう。
——後がない。
○誰れがだよ。
——先生、今日はこのまま五・七・五でいきましょうか。
○俳句入門というのも悪くはないな。
——まず、俳句は何故五・七・五でなければいけないのかというところからお願いしたいと思います。
○それは君がやりなさい。
——そうですか、では五・七・五というのは俳句の代名詞と云ってよいほどであるわけですが、それほどに重要な要素があるわけです。
○自由律はどうなるんだ。
——碧梧桐、井泉水、放哉、山頭火などの系列ですね。
○そうだ。
——とりあえず、五・七・五の定型律から始めませんと……

○そうか、それでは始めてくれ。
――まぁ、経験則から、五・七・五のリズムに固定したということです。
○それだけか？
――はい、次に季題について先生の方からお願い致します。
○季題については、折口信夫がこんなことを云っている。「俳句は季題に依存している以上、もう亡びているといっていい」だとすると、五・七・五で、季語を入れて作るのが俳句というのはすでに死に体だということだ。
――先生、どうして五・七・五で季語が必要ならば、すでに滅びていると折口信夫は云うんでしょうか？
○五・七・五については何も云ってないよ。
――季題、季語なんですね問題は……
○まあ、そういうことだ。即ち、季語に依存した美意識つまり借用では、本物の芸術は成立しにくいということだ。
――すべて自前でなければいかんということですね。
○「志満金」の勘定だって同じだよ。
――先生、今日はこのくらいで神楽坂へ行きましょうか。
○骸骨やこれも美人のなれの果て。
人生を廿五年に縮めけり
鏡台の主の行衛《ゆくえ》や塵埃《ちりほこり》
寝てくらすひともありけり夢の世に
――それは先生の句ですか？
○こんな下手な句は……
――それじゃ誰の句ですか？
○まぁ、いいから。

飢餓世代の対話

――先生、ご機嫌如何ですか。

まあ、まあといったところですけれども、あなたはどうなんです。

――私の方は相変わらずでございまして、ぼちぼちやってます。

何だか、関西弁になってきてるようだけれども、大阪や京都の人とのおつきあいが多いんじゃありませんか。このごろは。

――いえ、そうあでもありませんが、最近は、関西へ転勤される方があって、関西弁になじんでおります。

どうなんです。関西弁はうまくなりましたか。

――ぼちぼちダス。

それは、赤塚不二夫でしょう。

――実はそうなんです。デカパン語ともいいましょうか。

ダミダス。それはマズイダス。

――先生もけっこうやりますね。

けっこうやりますねとはどういう意味！

――ムイミダス。

言うと思ったよ。あれもやはりデカパン語の一種ということになります。

――編集者の世代というものがよく判るような気がします。

デカパン世代ですね。

――先生もやはりトランクス派ですか。

何ですか、そのトランクスというのは。

――いえ、何でもありません。

ところで、このところお米がなくなったそうですが、どこへいっちゃったんダスか。

――先生もうそのデカパン語はやめて下さい。気になってダミダス。

　ワカリマシタ、お米の行方なんですけれども昨年の秋にふるさとを出たまま、その行方がようとして判らないといわれてます。

——はい、うちにも姿を見せませんし、だいたいお米屋さんにも居ないといわれて、先日荻窪の米屋が泣いておりましたよ。

　だいたいですね。この商品を政府が管理しようなんていうのが間違いのはじまりなんです。市場管理にまかせておけばいいものを。主食は自前でなどと、カッコつけるからこんなことになる。けっきょく、ワリを食うのは消費者である我々なんだから……

——ところがわが国民たちは、国産愛用で、お米は国産つまり内地米でなきゃイヤだと言ってるんです。

　そんなこと言っているダスか。

——先生、そのデカパン語はやめて下さい。まじめに食糧問題について話しているのに、笑ってしまうじゃありませんか。

　笑ってしまっていいんだよ、わが国人たちの自主性のなさを笑いなさい。

——どうして日本国民が自主性に欠けるんですか。

　だって、そうじゃないの、つい先日まではお米を食べなきゃ国が亡ぶと大騒ぎしていたのに、今じゃ食べる米がないと大騒ぎしている。これはどうみたって普通じゃありませんですよ。

——昨年の天候異変でお米の不作がなければこんなことにはならなかった。

　それが甘いんです。自然の恐ろしさを実感していないから今回のような場当りの考え方をするんです。

——つまり、お米の問題はけっこう根が深いということなんですけれども、例えば魚河岸の鮨を食べたらお米のシンが残ってましたです。

　だいたいお米のことを知らなすぎるだよ日本人

は。

——そうですね。

何が〝そうですよね〟だ。あなたも同罪ですよ。お米にシンがあるのはあたりまえじゃありませんか。

——えっ、最近はそういうことになってるんですか。

知りませんでした。オコゲが食べたいと言ってたのは、つい昨日のことでしょう。

——そうです。神保町には〝オコゲ屋〟という立派なお店もありました。

オカマかえても、おコメかえても、やっぱりオコゲが食べたいというのが日本人の心理状態です。飢餓感がまだ消えてないのです。

——だけど、もう五十年昔の話ですよ。

日本人の深層心理は、飢餓感でいっぱいなんです。それが、飽食になり、そして暴食になり、そしてその反動が清貧などということになっている

将来の日本の食糧事情についての意識

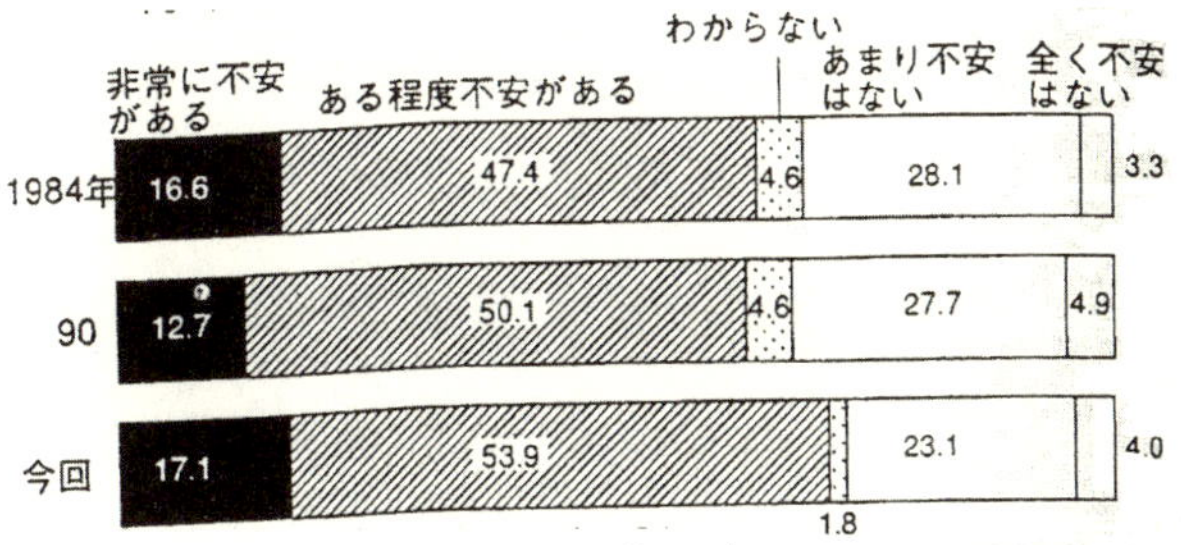

(単位は%、小数点2位以下四捨五入)

にすぎない。

——つまり、主体性がない、自主性がないということなんだよ。

そうなんだ。

——先生は、タイ米をお食べになりましたですか?

いわゆる外米というやつで、ジャポニカ種ではなく、インディカ種というので、粒が長い。ねばり気がなく、パサパサしてま

すからカレーライス、ピラフ、それにチャーハンなんかに向いてます。

夏目漱石の「坑夫」という小説のはじめのところに外米を食べるシーンが出てくる。

――日本の米事情については、もっと知らなければいけないことが多い。

そうです。

――我々は代用食の時代を経験してますから白米に対しての幻想が若干ある。

その代用食時代の経験者たちが、どうも錯覚をしているところがある。

――それはどういうことですか。

要するに、借用じゃなくて、自前でやっていきたいという意識です。

――それはいけないことでしょうか。

いけなくはないが、良くない。

――どうしてですか。

自前というと聞こえがいいけれども、これを維持することは、大いなる努力が必要なのです。その努力という点を忘れて、自前がいいという発想が良くないのです。

――なるほど、「将来の日本の食糧事情についての意識」というのを総理府が調査しているんですが、それによると、「不安」だと答えた人は七〇%を超えている。

たぶん日本人の七割以上が、食糧、特にお米は自前が望ましいと考えていることになるわけです。

――ところで、先生はお米はどうしてます。

どうしてますといわれても……

――では、どのくらいのお米を確保されていますか？

どのくらいといわれても……

――必要なお米が手元にあるかどうかと言うことなんですけれども。

それは私に聞かれても判りませんよ。

――そうですね。

そんなことより、もうそろそろ花見の計画を立てなさい。

——今年もやはり川越ですか？

いいんじゃないの。川越のイモ飯でも食べましょう。

——あれも代用食なんですよね。

そう、昔は代用食だった。

——今では、高級料理です。

Ⅲ　まずしい晩餐

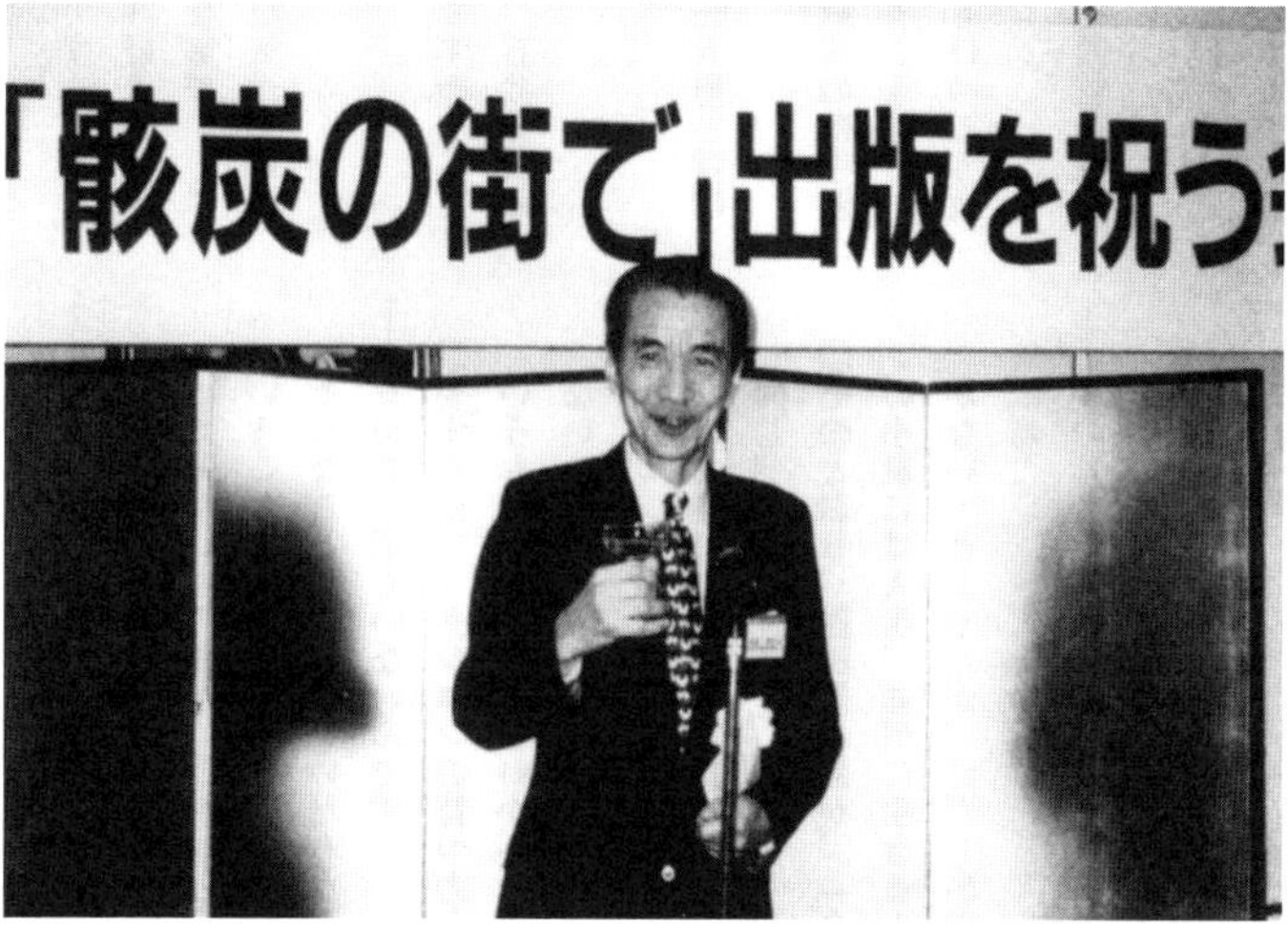

編著者の『骸炭の街で』出版記念会でスピーチをする筑波常治先生。
1991年１月、九段会館にて。

京都・山科・勧修寺《かじゅうじ》への道

古来稀なる年令になると、老化防止に何かやらなければと本人が思わなくとも、まわりの人々があれこれ云うのである。

いつのことであったか、出版社のO氏が、〝この年になると……〟とはじめたのであったが、即座に山田恒夫理科大学教授が、怒声をあらわにして、〝何を云うか、前川先生まして、筑波先生の前で……〟と云った。

それは、たしかに不そんな云い方であったので、その場はそれでおしまいになった。

こんなことを不意に思い出したのは、古来稀なる年になったなどと書き出して、それはよくない言葉使いだろうと思った。

今年の年賀状に、こんなことを書き散らして、大いに反省しているのであるが、もう遅いのである。

M先輩へ便りを書きながら、こんな回想めいたことも許されていいような気がしますので、筑波常治の回想を思いつくままに書きたいと思います。

思いつくままに書くと云っても、それらはほとんど回想であって、しかも筑波常治は、笑うでもなく、怒るでもなく、常に存在するだけで、五月の風みたいなものであった。

ただ、京都へはよく出掛けていたように思うが、今にして思うと、それは勧修寺《かじゅうじ》への里がえりであったにちがいないと思う。

その勧修寺というのは、こんなところであった。これは先生が亡くなってから調べてみて判ったことであって、我々は全くそのことは知らなかったし、先生も、この里がえりについては一切口にされなかった。

寺・社辞典によると、**勧修寺**《かじゅうじ》

京都市山科区勧修寺仁王堂二七―六。亀甲山とも号す。醍醐天皇の勅願所で、真言宗山階《やましな》派（勧修寺派）の大本山。当時は、法親王入柱の門跡寺院であったため、世に勧修寺門跡とも山階宮《やましなのみや》ともいっていた。本尊は醍醐天皇と等身といわれる千手観音像である。（中略）

寺宝も多いが、刺繍釈迦如来説法図は、唐宋の作か、わが国の模作か不明であるが、華麗な秀作であり、蓮花蒔絵経営、伝空海筆紙本仁王経良貴疏三帖はともに重文に指定されている。林泉は古の小栗栖《おぐるすひむろ》氷室の池で一五勝の撰ある景勝の地である。高藤の墓は山上の鍋岡に、夫人列子の墓は小栗栖に、贈皇太后藤原胤子陵は寺西大日山《だいにちやま》にある。なお、本寺の北八〇〇メートルの地点に、征夷大将軍坂上田村麻呂の墓と碑が建てられている。

この寺は門跡寺院としてその高い格式を誇るとともに、学問の上でも知られた名門である。延喜五年（九〇五）、定額寺に列し、年分度者を賜わったときは、三論・真言両宗兼学の寺であったが、康和・天仁（一〇九九―一一〇〇）のころから全盛に向かい、密教の事相（秘法の実践）に秀れた済高・雅慶・済信・深覚・信覚・厳覚らのひとびとが相継いで入山晋住して、「小野流」の秘奥を宣揚し、第七世の寛信は、ここをよりどころとして「勧修寺流」の一派を立てた。今日、勧修寺流の名で呼ばれている真言密教の事相の流派は、その中に随心院流・安祥寺流等を含み、古く小野流のことをもさし、醍醐流に対抗する一大流派であった。また、この近くに小栗栖の長兵衛という無頼漢のために悲運の最後を遂げた明智光秀の胴塚がある。（出典：鋼秀友編『古寺名刹大辞典』新装普及版、東京堂出版）

武州・粗忽庵《そこつあん》を哭《こく》す

　安田武が「ある時代」の中で、筑波先生のことを記している。「その後、旧い日記から、次のような記載を発見。――昭和三十四年十月二十六日、筑波常治の出版記念会が、神田学士会館にあり、散会後、竹内好を誘い、読書新聞の巌浩、東京新聞の森秀男らと新宿へ出て、『ロン』『山原《やんばる》』、『ナルシス』と飲み歩いたらしい。『竹内さん、すっかり昔の面影をとり戻して酒豪ぶり発揮、嬉しい嬉しい、実に嬉しい』と記してあった。」

　また、同書の「転向研究会のなかで」の項にはこんな光景もある。

「この時の旅行は、転向研究会のメンバーばかりではなく筑波常治、小林トミらも参加したし、岩波書店の田村義也、勁草書房の磯崎好子らもいっしょだった。

　朝、食事が終ると、広間に置かれたオヒツにまだ飯が残っていた。誰がいい出したか、それでオムスビを作ろう、ということになり、ソレとばかり、女性軍が、オヒツのまわりを取り囲んだ。女中がお膳を下げにきたら、何か用をいいつけて追い返してしまうというので、階段のところへ、筑波常治が見張に立った。廊下には、西勝（法政大学の西田勝のことだろう）が歩哨に立って、筑波の撃退が失敗に終ったら、直ちに合図を送ることになった。」

　これは一九五九年十一月のことである。

　この時、筑波先生は二十九才である。

　一九五九年に学士会館でおこなわれた出版記念は、おそらく処女出版であったと思われるが、その著書名は判らない。

『米食・肉食の文明』は一九六九年であるから、

三十九才の著作である。

『日本の農書』が中公新書として刊行されたのが一九八七年である。私の記憶によれば、筑波先生の著作では、最も遅いものであってほとんど遺作と呼んでもいいものだと思う。

この著作について、先生は、中央公論社から話があって、出来上るまでに一〇年以上を要したと同書の「あとがき」にある。

この件についいては、先生に伺ったことがあって、その時「私のいわば専門の書物でありこれが唯一のものです」と云われた。

これらから判断すると二十七才の時の著作は『日本人の思想』ではなかったかと思う。

『日本の農書』は戦後の著作いわる専門書という分野では、最もすぐれたもののひとつと云ってよい。

先生もこの書についいては、「これは私の専門分野ですから、なかなか書き出すまでに手間暇が掛りました。専門以外のものばかり書いてきましたから……」と云われたことを思いだす。

ひとつだけ判らぬことがある。全著作を読んで不思議な点がある。それは、転換期における特有の現象について最も悪いものが表面化すると常々指摘されたことである。

一九五〇年代末から六〇年代のはじめ頃はまさに転換期であり、左翼と右翼の渦中で、想像を絶するような苦しみが先生の身辺にあったように思われる。そのひとつに「思想の科学」や転向研究会の連中にそういう空気があっただろう。

それにしても、山階宮菊麿王の孫、筑波藤麿を父に持っていたのでは、当時の転向研究会では、居場所はなかったにちがいない。

私が先生にお会いし、おしかけの弟子になるのは、一九六四年で、先生は名著「米食・肉食の文明」を出版される三年前である。

だから、私はほぼ半世紀先生の近くでウロウロしていたことになる。

文句なしの不肖の弟子である。

一九六一年に丸山真男は『日本の思想』を著わしている。谷川雁の『日本の二重構造』筑波常治の『日本人の思想』が刊行された同時期の作品である。

不動の思想家丸山真男は、野間宏の『顔の中の赤い月』や『暗い絵』を評してセックス過剰であると非難するような、モラリストであり、守旧的な道徳の持主であった。

「私達が思想というもののこれまでのありかた、批判様式、あるいはうけとりかたを検討して、もしそのなかに思想が蓄積され構造化されることを妨げて来た諸契機があるとするならば、そういう契機を片端から問題にしてゆくことを通じて、必ずしも究極の原因まで遡らなくとも、すこしでも現在の地点から進む途がひらけるのではなかろうか。なぜなら、思想と思想との間に本当の対話なり対決が行われないような『伝統』の変革なしには、およそ思想の伝統化はのぞむべくもないからである。」

これは一九六〇年の安保斗争の市民運動を経ないものであるが、思想の伝統化に腰をすえ不動のままであった。

谷川雁は、農民主義の行方を宮沢賢治に求め、筑波常治は江戸期の農政家の研究に進むことになるのは、衆知のとおりである。

一九六〇年代が黄金時代であると云われているのは、谷川雁や筑波常治、丸山真男と云ったいわゆる思想家たちが生き生きとしていたからである。ある時は、賞讃の嵐の中にあり、またある時は、悲嘆のどん底にある。そんな浮き沈みの中で、彼等はもがきつづけたのである。

逃避する思想家たちは宮澤賢治のもとに辿りつく。そして彼等と同じように彼もまた思想の為に七転八倒していたのである。

　思想の伝統は、ポレミーク（論争）なしには自前のものとはならないと云う高名な政治学者は、荒れ狂う学園の様子を眺めて嘆く。

　変革期は最も悪い部分が現出するのだと農本主義者が怒り、学生たちに決別の辞を述べている。

　また、ラジカルな歴史学者は、第一歩でくいとめなければならないのだよと笑いながら大学の自治を熱く語っている。

詞は詩であり　動作は舞踊　音は天楽四方は
かがやく風景画
われらに理解ある観衆があり　われらにひと
りの戀人がある
巨きな人生劇場は時間の軸を移動して不滅の
四次の芸術をなす
おお朋だちよ君は行くべくやがてはすべて行
くであらう

（宮澤賢治『農民芸術概論綱要』）

変革期の思想家――谷川雁・丸山真男・筑波常治

谷川雁は、一九六一年に「日本の二重構造」を書いている。おそらく、六〇年の安保反対のデモの熱気が冷めていない時に書かれたにちがいない。同じ時に、筑波常治は「日本人の思想」を書いている。やはり国会を取り巻くデモの列を思いながら書き上げられた。

この二つの書は、一種の近親憎悪に似たものとして我々の目に映じた。

この二人の思想家は、国会を取りまく人々の中に、坑夫と農民の姿を探したのだが、どうしたことか、見あたらなかった。そこには市民の姿があるだけで、炭の香りも、米のにおいも、生活《くらし》の臭いも感じられなかった。

体制側のイデオローグ筑波常治と反体制側のイデオローグ谷川雁という表記には、誰れもが疑念を抱くかもしれないが、右と左の論客であることには同意して頂けるでしょう。

ここで、争点であるいわゆる「農本主義」について、辞書の力を借りることにする。

「農本主義・重農主義＝農業を以て立国の基本とし、従って農村を以て社会組織の基礎としようとする立場。わが国では経済体制の近代工業化の進展に伴い、相克的に現われ、伝統的な勢力をもっている。」

農本主義の理解の助けには、あまり力にならないが、もともとこれはイデオロギーなどと云うようなものではないので、これくらいで充分であろう。

K先輩は、谷川雁が好きだったし、筑波常治も好きだった。彼女の谷川雁の理解は、『原点が存在する』の中にある「『農民』が欠けている」であって、この農民というのが、筑波常治が「日本の農本主義が、いかに得体の知れない巨大な怪物であるかということだ。」と『日本人の思想』で指摘することのギャップに驚くのである。

K先輩が農本主義に興味を持ったのではなく、谷川雁の夢みるような文体にひかれた為であった。もちろん、筑波常治が好きである理由は、彼が底抜けにキザであったと云うだけではなかった。

この二人にある一種の近親憎悪をその思想にではなく、文体からかぎとつていたとみられる。好き嫌いの激しい思想家たちは、その文体、思想の具現化においても両極にあったと云ってよいだろう。

谷川雁にナショナリストの臭いをかぎつけることはそう困難なことではない。これはすでに吉本隆明が指摘したとおりである。

だが、農本主義者としての谷川雁と筑波常治をして、近親憎悪と云うのは、よほど好きでないと云えないことだろう。

その近親憎悪の証拠を提出して頂くことにしよう。

「彼等は、いずれも農民という白鳥から生れながら自分の羽をからす色に染めたがっているのです。モダニズムの泥臭さ、革命的盲動主義の粗雑さはル・サンチマンとナチュラリズム、教条と経験の間をさまよい、個々の現象をつらぬく歴史的法則的認識を欠いた、ぬきがたい自然成長性のあらわれであって、これこそまだ目覚めない農民の思想の目印しであります。いわば私達は自分のなかの農民を忘れることによって、農民主義の柵に封ぜられているのです。」（一九五五年一月『櫂』第一〇号）

谷川雁三二歳の農民観である、「日本の二重構造」を書きあげる五年前の作品である。「農業の歴史をべんきょうしているうちに、現代の日本人のものの見方が、いかに過去の農耕社会の影響をふかくこうむっているかに気がついた。
また、『農は国家の大本なり』などという云い方をはじめとして、農業にかんする論説が、日本の思想史のうえでいかに大きな比重をしめているかに気がついた。」（一九六一年『日本人の思想』）

これが筑波常治三十一歳の考え方であった。

ここには、農民の姿は見えない。

こうした農民に対する見方のちがう若き二人の思想家は、ここから逃避につぐ逃走をつづけることになった。

彼等の逃走は一種宿命的なものであった。

どこまで逃げることになるかは、彼等の思想のあり方に関わることであって、逃げなかった思想家丸山真男を基準にすれば、その逃走の様子が辿れる。

逃げると云うことは、恐れであり、不安であるから、体力はもちろん知力が必要であり思想が生きていなければならない。

ある芸術家への手紙

あなたが好きな筑波常治と谷川雁は、やはりイーハトーブへと旅だって行ったのですが彼等が生涯をかけて追いつづけたものが、日本への回帰であったことをすでにご存知でしたね。

あの岩手の詩人宮澤賢治は、〝**市民諸君よなんてふざけたものの云ひやうをするな　東京はいま生きるか死ぬかの堺なのだ**〟と変革期の最悪の現象を嘆いた。

悪しきものを見し者は、逃避しなければならないのでしょうか？

〝風はどうどう空で鳴ってるし　東京の避難者たちは半分脳膜炎になって　いまでもまいにち遁げて来るのに〟

こんな言葉が、九〇年も昔の悲痛な声が、私の隣でささやかれているのを……

記憶が薄れないうちに、書いておかなければなりません。

それは、二〇一一年四月二十九日に開催されたあの感動的なチャリティーコンサートのことです。

蓮田市における東日本大震災の為のものでした。

あの日から二年の歳月が流れ、いまでもまいにち被災地から遁げてくるニュースを聞いているのです。

あの時の感動を、あなたにもう一度伝えておきたいと思います。

「三月十一日の東日本大震災において被災され、そのうち蓮田市へ避難された方々を支援する為のチャリティーコンサートが開催された。この二カ月の間にどれだけの慈善演奏会がおこなわれたのだろうか……

なかでも蓮田市民公民館の演奏会は、特筆すべきものであった。

報告文にはふさわしくないが、率直に申し上げますと、出演者は、超一流でしたが、会場は、演奏家たちを満足させるものではなかったように思いました。

悪条件の中で、演奏会を大成功に至らしめたものは、超満員の入場者たちの感激の声であっただろうと思います。

とりわけ声楽家諸貫香恵子女史の印象は、ミケランジェロのピエタ像を髣髴とさせるものでした。

この印象は、終演後、母とその娘の会話に同調したものです。

〝とてもきれいな声でしたね〟と母親が女子高生である娘に問いかけるのです。そうしますとその娘さんは、夢からまだ覚めてないうっとりとした顔で、〝はい〟とややうつむいて応えるのです。

(中略)

さて今回の絶妙なコラボレーションは会場の空気を一瞬にして、慈愛に満ちた神々しいものにしました。

山本竹勇さんの津軽三味線、金丸寛さんのマリンバ、加藤美菜子さんのヴァイオリン、加藤皓平さんのチェロ。

このような音楽空間をもう一度熱望します。』

こんな報告文を『婆娑羅』の創刊号に書きました。

そして、その熱望は、はからずも二年後にかなえられることになったのです。

二〇一三年二月十日、白岡市コミュニティーセンター・ホールで「螢雪《えいせつ》音楽教室コンサート」が開催されたのです。

記憶されているでしょうか? 徳永二男当時N響のコンサートマスターであったヴァイオリニストのコンサートがおこなわれたあのコンサートです。

当日の様子はいずれ報告を致しますが、我々が熱望したコンサートがこのような形で、開催されたことは、大いなる喜こびでありました。ソプラノ独唱の諸貫香恵子は、二年前から、比べるとさらに高い境地に到達しているように思われました。

グレブ・ニキティン、**小川敦子**のヴァイオリン、**西村眞紀**のヴィオラ、**黄原亮司**のチェロ、そしてピアノは**水野ゆみ**、この協演者たちの力量は、ソプラノ独唱を浄化するにふさわしい演奏でありました。

とりわけ、プログラムにはなかった「アヴェ・マリア」（カッチーニ作曲）の絶唱はあなたにもおとどけしたいと思います。変革期には慈愛に満ちた光景も現出することを……

筑波常治が変革期には悪い部分が表面に現れるのだと云いつづけてましたが、あの呪文と云うか、一種の謎めいた言葉の意味がやっと判ったように思います。

文学・芸術がもちろん思想というものも、それ自体ではほとんど役に立たないものであります。ただ、それが誰れかの為に、何者かに献じられた瞬間に、意味を持ちはじめるのではないでしょうか。

多くの著作が、父・母に捧げられ、また、愛する人に献じられるのは、その著作の意味を確認する為でしょう。

私も我が恩師に、この拙い文章を捧げたいと思うのです。

筑波常治の代表作は何かと問われた。私は即座に『日本の農書』であると応えた。

師匠の代表作はと問われ、弟子が即答するというのも不遜な気もするが、この件に関しては、私にも云い分がある。

先生は生前、『日本の農書』は、専門書としてはこれが第一の書ですと云われたのであった。それだけに、この書に対する熱意は、非常なものがあったように思う。

それで、私は筑波常治の代表作は『日本の農書』であると応えたのである。

学者にしろ、文学者にしろ、代表作は何かと問われれば、誰れもが考えこんでしまうものであろう。

G・オーウェルの場合は、どうであったかと云えば、同じようなことがあったとみてよいだろう。『一九八四年』や『動物農場』のベースとなっていたのは『カタロニア讃歌』とみてよいだろう。

まだ世の中が、こんなに熱くなかった時、ジョージ・オーウェルの「カタロニア讃歌」を読んでいたのであるが、人間を信じると云うことがどんなものであるかに気づかなかったのである。

ここに、B・クリック著「ジョージ・オーウェル」という書物があって、その中に、あっと驚くような文章が現れた。

それは、こんな風に書かれていた。

「彼はその全てを、『カタロニア讃歌』の冒頭の一節に表現していた。そこでの彼は、未知の一人のイタリア人民兵であったが、彼はその兵士の言葉を話せなかった。二人は行きずりに会っただけであった。『奇妙であった。見知らぬ人に愛情を感じることができた。』一九四二年のエッセイ『スペイン戦争を回顧して』の最後に引かれている。このイタリア人民兵を偲んで書いた詩も、それと同じ感情を表現していた。

しかし、私は君の顔の中に見た
いかなる権力によっても奪うことはできない、
いかなる爆弾も砕くことはできない
その水晶の精神を。」

『カタロニア讃歌』の中で描かれていた若いイタリア人兵士は私の心に強く響いた。いや、このイタリア人を描いたオーウェルの言葉が強く私の心をゆさぶったのである。

これは、後になって判ったのであるが、私が感動したことは、ごく自然な理解であったのである。

　そのことが、その同じ感動が人々に与えていたと云うことにはじめて気がついたのだ。

　どうして、こういったことにこだわるかと云うと、この感動は、私の独自の、私の宝物のように存在するのであると思いつづけきたのであった。

　私は文字というものの、云いようのない、美しさというものを感じとっていた。もちろんこのような経験というものは、他にもあったのであるが、外国のものでは、オーウェルが最初であった。

最後の農本主義者

　一九六〇年に農本主義の世界を書くと云うことは、一体どういうことなのだろうと考えはじめています。

　この時代に農本主義でもあるまいと思うのだけれども、著者はごくまじめに論じているのです。

　まず農本主義という言葉が判りません。農本主義が判らないというまえに、筑波常治という思想家を知らないということなのであります。

　おまけに『**日本人の思想―農本主義の世界――**』という書が手に入らないということなんです。

　筑波常治も鬼籍に入った瞬間に忘れられてしまった。彼の「日本人の思想」というのは生涯をかけて描いた日本人の思想の在り方のそう大なデッサンであった。

筑波常治の日本人の思想論のそう大なデッサンであったと、本人が云っている。

「その目標にむかう途中の作業として、農本思想史のさまざまな断面について、いく枚かのデッサンを描いてみる必要を感じた。究極の目標まではほど遠いにしても、デッサンなりに力を入れて、練習しなければならなかった。本書は、そのような習作として生まれた。農本思想史にかんするデッサン集である。」

そのデッサン集の骨組みを目次から辿るとこういうことになる。

第一の論文では、日本の農業技術のうち、品種改良の歴史とその技術を、第二は、日本における農学の成立史をふりかえり、日本の「アカデミズム」の性格を解明することをこころざした。

第三の論文では、日本での進化論の運命をたどりながら、キリスト教あるいはギリシャ的合理主義とまったく異質の日本人の「自然観」について、第四の論文では、農業史の歴史をふりかえり、日本人に根づよい「道徳主義」の歴史観の源泉を掘りおこす。

第五の論文では、戦争中から戦後にかけて隆盛をきわめた家庭菜園を手がかりに、日本人の「生活」がいかにふかく伝統とむすびついていたかを、第六の論文では、戦後における農本思想の存続をあきらかにし、日本人の「実感主義」ないし「大衆崇拝」のよりどころを追求。

以上が、その壮大なデッサンの大枠である。このデッサンの肉付けは、「**雑種について――ハイブリッド・ライス――**」で第一の論文の補完がなされており、第二、第三論文については『**米食・肉食の文明**』において展開されている。

第四および第五の論文は、「**農業における価値観**」で展開されている。

そして、第六の論文は、『**日本の農書**』のベースになっていると考えてよい。

さて、筑波常治を忘れられた思想家であるといい、また最後の農本主義者であるというのは、少なくとも、現在の日本の思想の根源がどこに発しているかという問いかけに対して、その答えのいくつかがここにあると確信できるものがあると考える。

要するに、筑波常治の今日的な意味を辿る筋道が認められるのである。

筑波常治の研究が求められているのは、実に、彼が忘れられるまえに、知られていないからである。偉大な思想家の再評価を開始する理由は、実にここにある。

農本主義と云うのはもはや死語にちかいものとなってきているようだ。社会学小辞典（有斐閣）一九七七年刊によれば、次のような説明がなされている。何故これを引用するかと云えば、これが最も判りやすく、正確だからである。これは私の理解においてである。

「農本主義」

農を国の基礎とする思想。農業が基本的生産である封建社会でその社会的基礎を補強するために現れた思想であるが、イデオロギーとして強力な役割を果たすのは、資本主義の下での農業の危機の進行下においてである。強兵の支柱、労働力の貯水池、地主的収奪の源泉である農業・農民の保護を訴え、農民を精神的に鼓舞して階級対立の現実から目をそむけさせつつ勤倹節約と犠牲を押しつけ、農村と農民を社会的安全弁として利用しようとする思想であった。

Ⅳ　食後のコーラス

『販売網研究』創刊20周年祝賀パーティーにおける筑波常治先生。2010年10月。

神保町物語

「ユッカ」という喫茶店と「エリカ」という酒場が神保町にある。「ユリイカ」のオフィスをさがしてその二軒の店を往復した人がいる。ユリイカは表通りに大きな看板でも掲げていると思ったのだろうか。尋ねあぐんでオフィスに電話をかけて来た。「神保町一丁目の露地ですよ」とぼくは教えたが、「ジンボー町ですか」「そうです、ジンボー町です」と応答しながら、いつかビンボー町と発音している自分に気づく。神田貧乏町。なんとなくゴロのしっくりするこのいや味な言葉を、暗い喫茶室で、あるいはたそがれの焼鳥屋でぼくは噛みしめることがある。そして、ふと、あの「否」の活字を思い出すのだ。毎日活字の号付けをし、校正刷を読んで日を送っているぼくに、活字にふれた少年の日の不安がよみがえる。それから、その「否」の活字をあらゆるものの上に捺して廻りたい、と思うことがある。

（伊達得夫「活字」エディタースクール出版刊）

どうにも間の悪い世代というのはあるものだ。何がどう間が悪いかと問われてもはっきりこれだとは言えないが、間が悪いのだ。

彼の世代はその出生からして、脇役を運命づけられているようなところがあった。せんだみつおがおもしろいことを言って、それはこういうことであった。

「子分肌は長持ちする」というのである。つまりスターの寿命は短いが、三枚目は長つづきするんだというくらいの意味であろう。

そうだとして、せんだみつおが長もちしているとは思えないが、一般的には了解しうるだろう。

スターの寿命は太く短く、脇役は細く長くということになっている。

森谷均という人物を知る者はもう沢山はいないだろうが「本の手帖」という雑誌を知る者はいるだろう。

また、伊達得夫という名を知る人はもうほとんどいないだろう。そして「ユリイカ」という出版社の名を知る人はもはや皆無となっているだろう。

この二つの出版社は一九六〇年代にその名をとどろかしたのであり、その出版物はきわめてすぐれたものであった。

いわば活字の世界のたそがれ時の面影を残していた。

三〇年も昔の話であるが、わが国の出版もけっこうがんばっていたのであり、一部の人々には、この二つの出版社はかけがえのないものであった。

何故なら、そこにはいわゆる出版における文化というものがあったからである。

柿の木坂を登り、豊玉神社とは反対の方向に安心門をくぐると樹々の間に、学生寮が見えてくる、俺は大学に入ってマゴマゴしている時に、この学生寮に入寮したのであった。

五月のはじめに移り住んだ。暫くの間、ここへ帰ってくるのかおっくうであった。どの部屋も部屋も四人住いで、部屋の片側に二段の木製ベッットが二組あって、それはちょうと横穴か四つあるように見えた。ベッドと言えば聞こえがいいが、大きな蚕棚といった方が正確だった。

E館とW館があり、その間に本部の建物がある。この三つの建物は横ならびになっていて、安心門から入ってきて右の方がW館である。俺の部屋は、W館の二階の中央部にある。窓は一つきりであるが、南向きだから光りは射しこんでくる。

俺の部屋には、竹田、平川、崎山の三人が同居している。三人ともこの町の学生である。崎山は四、五年通っているらしいが、まだ三年生である。本人も現在自分が何年生であるか、はっきり自覚がない様子である。

毎日出掛けてゆく。学校へはほとんど行かぬらしい。法律の本はみあたらない。そのかわり、文芸雑誌、週刊誌がならんでいる。

七月になった。学校は夏の休暇に入った。俺は相変らず出たり入ったりしていて、ちっとも落ちつけなかった。一部屋に四人住いなので、落ちつかないのかと思ったが、そればかりでもない。

竹田は田舎へ帰るといって、ボール箱に本をつめこんだ。あんなに沢山つめこんでどうするのだろうかと、俺は思った。きっと読むのだろう。

「野口君、君ィどうする。田舎、帰るんでしょう」

竹田は荷作りをしながら、曲げた腰を半分のばして、下から俺の顔を見あげた。

「うん、帰るのは帰るけど、いつにしようかと……竹田さんはいつですか?」

「明日の昼すぎの汽車にしたんです」

絶対明日帰るんだ、一日でも遅れるわけにはいかないのだと顔が言っている。

「その本を持って帰るんですか?」

と言ってしまってから、これはよけいな事だなと思った。

「そうです。この夏はやれるだけやってみようと思ってんですよ」

いくらやれるだけといっても、竹田の書物の量は、多すぎた。

翌日、竹田は、段ボール箱を肩にかつぎ、片手にボストン・バッグを持って帰った。

平川と崎山は、どうするのか全然わからない。休みになってから二人とも帰りは遅く、外泊する日も多くなった。

俺は、竹田が居なくなってから、他に親しいのがいないので、そろそろ帰省しようと思った。

竹田が居ないのは、やはり不安であった。

夏休みに入る前から、活動しだした南京虫は、七月になると毎晩出てきた。夜中、電灯をつけると赤黒い虫が逃げるのを見て、俺は恐怖を覚えた。

俺は、南京虫を見た事がなかった。他人の話で以前聞いたことは何度かあった。しかし、人の目にふれるところに居るのを見るとは思わなかった。はじめのうちはノミかと思っていた。かゆくてがまんできない。ひっかいているうちに、はれあがってくる。

薬屋に行ってみせたら、

「そりゃ、あんた異常体質じゃないの。薬つけるよりも冷やした方がいいですね。そりゃア……」

細い頭をした店員、は、驚いて薬を出さなかった。はれ方が普通じゃないのは、俺にもよく判っていた。

南京虫への関心は、こんな詩を見つけだすのに役立った。

〃フランクフルトに泊ったっけ〃という出だしのこっけいな詩だ。

『職人の歌』というこの詩を何で知ったかはよく憶えていない。

さんざん南京虫にやられると、南京虫という文字を見ると普通ではいられない。

この詩の終り方の二章節はこんな風になっていた。

夜の祈りがすんでから
ベッドにもぐりこめば
夜から朝までちくりちくりと
南京虫の襲来だ

花の都フランクフルトの
あそこで暮した者なら
あそこで苦しんだ者なら
誰でも知ってる出来事さ

この部分が俺は好きというより、よく理解できるので憶えている。

〝あそこで暮した者なら、あそこで苦しんだ者なら、誰でも知ってる出来事さ〟

ほんとに暮してみて、苦しんでみなけりゃ判らないものである。

これは長い詩の一部を抜き書きしたものであった。南京虫は滑稽で、詩としては単純であった。

俺はこの詩人たちについての知識は全くなかった。

俺の詩人の知識は室生犀星の『我が愛する詩人の傳記』でほとんど完結してしまっていた。

それにしても俺だけが、文学部に籍を置いていて、しかも文学の専攻なのであるから、若干まずいことであっただろう。

ただ、フランス文学の専攻ということでシュールレアリスムについての知識は他の者に比べると豊富であった。これはあたりまえの話である。

あたりまえでないことは、アンドレ・ブルトンの著作「シュルレアリズムに国境なし」――一九三六年ロンドン国際展の回顧に発表したもの――についていえば、判らぬことが多すぎた。「ナジャ」という小説は感動したもののひとつだが、宣言や論文に近いものは理解不能であった。

例えばこういう文章に出くわすことが度々なのだが、その都度がっくりしてしまうのである。

「『幻想的《ファンタスティック》』という言葉は、社会主義リアリズムか最も激しく排斥し、シュルレアリズムが常に標榜している合言葉を応用展開したものだが、この言葉はその潜在的内容に到達するに最高の鍵となるものへ近づくことに、即ち、人はその理性のコントロールを失ってはじめて、個人の最も奥深くにある感動を百パーセント表現できる。つまり現実の世界というワクの中では投射不能な感動、象徴や神話へ永久に誘われその力に頼る以外に方法がない感動ということである。」

小津安二郎は世界一であるか……

筑波先生の回想ですが、カロッサの「美しき惑いの年」のスタイルで書けば、先生も〝まあ、能書きはいいからやってみなさい〟とおっしゃるでしょう。

何故なら、先生はステファン・ツバイク、ハンス・カロッサはお好きでして、またミュンヘンという都市が気に入っておいでのようでしたが、ミュンヘンへは行ったことはないとおっしゃってました。

オーストリアへはモーツァルト週間にウィーンへおいでになったのに、モーツァルトは全く聞かなかったそうです。

もっとも、ゴッホ展が開催されているオランダへ行ったのに、ゴッホは観ませんでしたと笑っておいででした。

こんなところがどうも先生らしいのですが、一度、先生に、これは神楽坂の帰りに、「ゴーギャンに比べれば、ゴッホの方が相当いいと思いますが……」とうかつに申し上げましたところ、例の如く、「ええ、まあ……そんなところでしょうか……」という返事でしたが、その後どうなんでしょうと聞きましたところ、先生は、ゴッホよりもゴーギャンを大いに評価しているということでした。

その時、「ゴッホ論」を書きおえたところだったので、もしかして、先生はその「ゴッホ論」をあまり評価されてなかったのかもしれません。その事は、聞かずじまいでありました。ただ、先生は、私の書いたものについて何かを、つまり感想めいたことをおっしゃることはありませんでした。

しかし、出版社については、はっきりと駄目なところを指摘されることがあって、我々は、何かおもしろくないことがあったのだろうと想像していましたが、たしかに出版社については、一種の傾向があるようです。

二〇〇四年頃でしたか、「益田勝実の全仕事」というのが筑摩書房から出版されていたので先生に、著作集を出版するというお考えはありませんかと伺いましたが、その時はすでに著作についての関心がなくなっており、興味を示されることはありませんでした。

活字への関心が全く消えておりましたが、映画への興味は、活字とは逆に、活発になりましたが、小津安二郎は、あまりお好きではなかったようで、私の小津安二郎論には、何もおっしゃることはありませんでした。

「東京物語」が世界の映画作品の中で、第一位の評価をうけましたが、このことについては、うかがっておくべきだったと残念におもいます。

久し振りに、生前の先生を想いながら、『小津安二郎は世界一の監督である』を載っけたいと考えております。

今年のはじめ神保町へ小津作品を観る為に神保町シアターを訪れましたが、生誕一一〇年・没後五〇年ということで大いに盛りあがっておりました。

観客の大半はやはり高齢者で、若者の姿は少ないようでした。

たしかに、若者には、小津安二郎は不向きのようです。

○小津安二郎の「東京物語」が世界一になったそうですが、先生はご存知ですか?

――小津とはあの小津組の話ですか……

○いえ、新宿の闇市ではなくて、映画の話なんですけれども。

――小津安二郎は生誕一一〇年・没後五〇年だそうで、神保町シアターでは小津の特集をやってますね。

○そう、そう、それです。

――〝そう、そう、それです〟とそれは、師匠に対して使用する言葉じゃないでしょう。

○失礼致しました。

――で、その世界一がどうしたの……。

○小津安二郎の作品『東京物語』が世界一の映画になったそうなんです。
——それでは、小津安二郎が世界一の映画監督に決定したのではないわけですね。
○そうです。世界一とか日本一とか梨の品評会ではないのですから、大きなことを誇るのは、やめた方がいいと思います。
——そうですね。ただ、この事だけは云っておきたいと思います。
○先生、なんだか真剣な顔になって……
——いつも真剣ですよ。小津安二郎が世阿弥の正統な後継者であったということについてひとことだけ申し上げましょう。
○意外ですね。先生が小津安二郎について語ることも、小津と世阿弥とは面白いことですね。
——では期待に応えて、小津論をはじめます。戦後、小津に何があったか知りませんがいわゆる小津調と呼ばれる作品の背景には、謡曲が決定的な影響が見えます。

まず、タイトル（題名）においてそのことは明白です。一九四九年の『晩春』において表現されています。黒澤明がシェークスピアの力を借りるのとは若干違いますが、尉面をイメージさせる笠智衆や原節子（小面・孫次郎を思わせる）が現れることによって、能舞台を想起します。「高砂」や「杜若」が、「東京物語」、「麦秋」、「晩春」など一九四九年以降の作品には、『秋刀魚の味』の最後の作品まで、謡の詞の如き科白が多用されるのです。

〝今を始めの旅衣、今を始めの旅衣、日も行く末ぞ久しき。そもそもこれは九州阿蘇の宮の神主友成とは我が事なり。われ未だ都を見ず候ふ程に、この度思ひ立ち都に上り、道すがらの名所をも一見せばやと存じ候。〃『高砂』

晩春において『杜若《かきつばた》』の戀の舞の十三分に及ぶシーンは、単に、上手に借用したということではないのです。

こうしたことをもう一度頭に入れて、小津安二郎の一九四九年（晩春）から、死去する一九六二年（秋刀魚の味）までの作品をご覧なさい。

「筑豊」の子守唄

上野英信が亡くなってからはや四半世紀が経つ。この人は、山本作兵衛や永末十四雄といった人々と共に筑豊という炭坑の生活を描いた人物である。

山本作兵衛の炭坑絵がユネスコの世界記憶遺産に決って、地元田川市では大騒ぎである。

文部科学省は、田川市にだし抜かれたと云っているが、それは事実ではないと思う。

何故、事実に反すかといえば、文部科学省が炭坑絵を世界記憶遺産としてユネスコに申請するとは考えられないからである。

文部科学省が申請を決定したのは、藤原道長の「御堂関白記」であった。

こんなことはどうでもいいのだが、国宝などの申請を考えている人々に、炭坑絵を申請するなどとはおよそ考えられない。

山本作兵衛（１８９２〜１９８４）の絵画や日記など六九七点が記憶遺産として登録され、同時にその炭鉱画の対をなす上野英信の作品を再評価すべきであると考える。

十二年前の辰年に以下の如き対談があってそれはご覧のとおり、筑豊へのレクイエムであり、上野英信への追悼であります。

筑豊というところは、どこからどこまでが筑豊なのかよく判らぬが、日本の陰みたいなところであって、阿修羅の都市とでも呼べそうなところである。

私事にわたるが、私の生まれは田川市であるそうだ。それ故に、この筑豊という地名は私の心に響くのである。

ただ生まれたところと云うだけで、記憶にはないのである。

——先生、明けましておめでとうございます。今年もどうぞよろしくお願いします。——

辰《たつ》年ですね。ドラゴンズの年だから、中日は優勝するかもしれませんね。あなたは中日のファンだから今年こそはと思っているんでしょう……

——そういえば、中日ドラゴンズは勝つかもしれませんね。阪神タイガースがそうだったですから——

ところで、今日はどういうテーマなんですか。年の始めにふさわしいのを考えてきましたか……

——はい、考えてまいりました。老いは確実にやってくるというんですが、どうなんでしょう、先生、こういうのは。——

正月早々なんということをいうんです。他に何かなかったの、もう少しましなテーマが、例えば、酒の効用とその経費とか、酒の量と効果についてとか。

——先生、酒ばっかりじゃないですか、暮からずっと酒ばっかりで、一日くらい抜いたらどう

なんです——

じょうだん云わないで下さい。酒を抜くくらいなら、死んだ方がましですよ。

——それです。その死んだ方がましだというのが今日の主題なんです——

昨年十一月の末に上野英信が死にましたね。彼の死は、あなたがいう死と老いの問題に関係してくるんじゃありませんか。ところで、上野英信とは何者だったんですか。

——実は、今、先生がいわれたので、そういえばそうだなあ、と上野英信のことを考えているんですが、たしかに彼は一体何者だったんでしょうね。これは、逆に先生にうかがいたいと思います——

それは困るね。困ったね。新聞の死亡記事を紹介するのがいいかな。これは毎日新聞のものなんだけれども、「炭鉱記録文学の上野英信さん死去」という一段見出しで以下、「追われゆく坑夫たち」など一連の炭鉱記録文学で知られる作家、上野英信氏（うえの・ひでのぶ＝本名鋭之進）が二十一日午後六時三十一分、食道がんのため福岡県鞍手郡鞍手町中山の鞍手町立病院で亡くなった。六十四歳。葬儀・告別式の日取りは未定。自宅は同町新延六反田、喪主は妻晴子（はるこ）さん。

山口県出身。広島県で被爆後、京大支那文学科に入ったが中退。昭和二十三年福岡県海老津炭鉱で坑夫となった。その後、ガリ版刷りの文芸誌「地下戦線」を発行、悲惨な炭鉱の〝闇の国〟から〝光の国〟へと記録文学の坑道を掘り続けた。

――死亡記事はそれだけですか。どうも様子がちがってますね。死亡した病院が博多の方だと書いてあるのもあるし、京大支那文学科というのもちがっているのがある。地方版と首都圏版では扱い方も全くちがう。もっとも上野英信という人物は筑豊在住の作家で、筑豊を離れて生活したことがない。

筑豊というところは、その文字の意味どおり、昔は筑紫山系の豊かな土地だったんでしょうが、明治から大正、昭和にかけてこの世の地獄の代名詞みたいに変容してしまいました。石炭が出なければもっとちがったイメージを形成したんでしょうけれども、我々が知っている筑豊は閉山による貧困地帯であり、自動車保険の面でいえば、損害率のきわめて高い地区なわけです。鉱脈の老化が、地域社会の老化をひきおこし、そして都市の形骸化つまり死滅をもたらしたという……――

老化と死、これはそのままシノニムなんですけれども、美しく老いるということもあり美しい老人というのも現実にある。八十三歳の笠智衆が〝電車がある間は、わしは電車じゃ〟とテレビ局が用意した車を拒否するという姿勢、これと同じように、上野英信の場合は〝筑豊があるうちは、筑豊たい〟という動かしがたい何ものかがあったように思われますね。筑豊というのが彼にとっていったいどういう意味だったのかはよく判らないわけですけれども。

――上野英信は、筑豊の生まれじゃないんですね。どうして、彼は筑豊を終の栖として選んだのか、敗戦直後の筑豊は、一種、黄泉の国というようなところがあった。そういうところ

へ、京大を中退して出掛けていくというのがまず普通の行為じゃない——

そうですね。自分の意に反して、そうなってしまったというのなら判るような気もするけど、自分の意に従って自分の意志でもって、そういうところを選んだというと、たしかにこれはもう一度よく考えてみていいように思いますね。

——私なんか、そういう選択をしないだろうし、まず選択肢として、そういうものが存在しないように思います。

「地獄をみてしまった人」、という感じがしますね、上野英信という人は……。広島で被曝した経験をもち、あの地獄さながらの悲壮を見てしまった。その時、彼はすでにある決定をしてしまったように思われます。思いつきでいわせてもらえば、取りかえしのできないことをやったか、でなければ、かけがえのないもの、もしくは人をなくしてしまったかというようなことが想定されます。

そうでなければ、普通の人間は、そういう選択をしないし、しかもそういう決定を持続させることは、まず不可能ですね。

——先生、今年はなんだか、新年から鎮魂曲がきこえてくるようですね。

そうですね。一茶の心理ですね。〝正月は冥土の旅の一里塚、めでたくもあり、めでたくもなし〟

——お酒もほどほどにして頂かないと、昇龍ではなくて、昇天ですよ先生？

老人をいじめると、不敬罪ですよ。心不全にでもなれば殺人罪ですぞ……

――おどかさないで下さい。それでなくとも小心なんですから、心不全にでもなったら、先生こそ殺人罪ですよ。

大丈夫、大丈夫　その心配はありませんよあなたは、なにもしなかったことで有罪になるくらいだし、私は、せいぜいのところ呑みすぎシールをベタッと貼られるくらいですから安心していいのです。命に別条ありません。

ところで、あなたの身内に病気の老人がいましたね。その後如何ですか…

――義理の父親なんですけれども、今年八〇歳になります。やっと退院しまして元気になりました。大変ご心配をおかけしましたがお陰さまで大事には至りませんでした。

そうですか。それはけっこうでした。やはりめでたいじゃありませんか、新年はこういうめでたい話じゃないといけません。

――お酒、もう少しめしあがりますか、まだ残ってますけれども……

またまた、調子がいいんだから、さきほど酒はほどほどにしろと云ったばかりでしょうが……

――沢山はいけませんが、少々ならいいんですよ。酒は百薬の長というじゃありませんか。

それはそうだ。長寿の素だから、私も無理をして頂いているわけですよ。ところで、今年の抱負を聞いておきたいが……

――老人を大切にしたいと思います。それから……

それから、何ですか、その先をはっきり云いなさい。煙草をやめる？

——煙草をやめるなどといってませんよ。私が禁煙したら、日本たばこ産業はどうなると思いますか。

どうもなりはしないよ。世界で一番沢山すっているのは、日本の男どもだよ。日本に男がいるかぎり、日本たばこ産業は不滅だよ。

——ところで、上野英信は煙草をすったんでしょうか。

どうなんでしょうかね。なんともいえませんね。

——酒はどうだったんでしょうか、やはり呑んだでしょうね。

それは、まちがいないよ。炭坑夫だよ。九州男児ですよ。筑豊ですよ。ところで筑豊というのは、筑前、筑後の筑と、豊前、豊後の豊で筑豊というのじゃないですか。地理的に見ても、筑前と豊前の中間に位置してますからね。

——そういえば、筑豊は、地味の豊かなところではありませんね。石炭があんなにも埋まってたんですか？　農耕地としてはかなり下等だったように思われます。

地理的条件でも、闇の国というイメージですね。

——先生、景気よく、パーッとやりましょうよパーッと。酒はあびるように呑まなければいけないのです……

どうしたの、大丈夫ですか？

映画監督・森崎東

金時屋というのは、看板どおり甘味屋である。

ここの主はいつも昼寝をしていて、起きている時があるのだろうかといつも不思議に思っていた。

この夏、氷金時を食べに寄ったら娘さんのようなひとが〝いらっしゃい〟と云ってそのまま奥へ引き込んでしまった。

一度聞いておきたいと思っていたのだが、それでもかなわぬことになってしまったようである。その聞いておきたいということは、店内に貼ってある『森崎東監督をはげます会』というステッカーのことであった。

同じステッカーを五ツ角の早鐘踏切寄りにあった三小田燃料店でも見たことがあった。

どうして、こういうステッカーが貼ってあるのかいつも不思議に思っていたのである。

三小田燃料店も道路拡張により立ち退きを迫られ、今はもうない。

これから書くことは、私の推測であるが、たぶんまちがいはないと思う。当らずとも遠からずである。

さて、私の推定であるが、それはこんなものである。

森崎東は、映画監督である。

どんな映画を撮っているか調べてみると、驚くべき多作の監督であった。

映画が二十五本、テレビが二十五本、それにシナリオが四〇本である。

テレビの場合は、連続ドラマやシリーズというのがあるので、一〇〇本を超えているだろうと思われる。

一九二七年生まれというから八十一歳であり尚現役の監督だから新藤兼人を除けば最高齢だろう。

評判のよかったものをあげておくと、「釣りバカ日誌スペシャル」（一九九四年）「お美味しんぼ」（一九九六年）「時代屋の女房」（一九九三年）などが代表作ということになるのだろう。

題名だけから判断すると、喜劇が得意のように思われる。

「森崎東監督をはげます会」のステッカーを貼ってある金時屋や三小田燃料店が、喜劇映画が好きなので、森崎東監督を応援しているのだとも考えにくい。

彼等は、映画館へ足を運ぶような人々ではない。

では、どういう理由であるかというと、どうも森崎東の出身高校にその謎の鍵があると思われる。出身校は大牟田南高校である。

これが最有力の理由であるが、彼等の職業から判断すれば、大牟田商業の方が有力のようにも考えられる。

森崎東には二人の兄があり、すぐ上の湊は大牟田商業の出身である。長兄の善喜も同じだ。とすると、「森崎東監督をはげます会」というステッカーは、森崎湊と何等かの関係がありそうに思われる。

そうでないと、映画監督をはげます会などという珍奇なものは出てこないだろう。黒澤明をはげます会などというようなものが存在しないのと同じように、ジョン・フォードをはげます会などというものは、この世に存在しないのである。「小津安二郎をはげます会」などは論外である。

そこで、その影の如き存在である森崎湊というのは如何なる人物であるか。松本健一がその著「昭和に死す――森崎湊と小沢開作――」（小沢開作は小沢征爾の父君である。）のなかで次のように描いている。

「死が既定であるとき、いや死が既定であると意識するとき、ひとは等しく死ぬことばかりを考えて生きようとするのではないか。そこでは哀しいことに、美しく死ぬことがいわば生の目的になってしまっている。わたしはそんな哀しい人間の精神のかたちを、昭和二十年八月十六日つまり敗戦の翌日、三重県一志郡香良洲浜において割腹自決した海軍少尉候補生（特攻要員）の森崎湊に見出すのである。

森崎湊が自決したとき、かれはまだ二十一歳の青年だった。敗戦はおそらく、特攻要員として待機していた森崎に死からの解放を意味しただろう。しかし、戦争中美しく死ぬことばかりを考えて生きていたこの青年にとって、死からの解放はかえって生の目的の喪失と意識されたようである。なぜなら、かれは第二期海軍予備生徒（飛行専修）に応募したときすでに、その死に赴く生を自覚していたからである。」

松本健一は、美句を奏して、森崎湊の割腹自殺、それも終戦の翌日（八月十六日）の出来事を述べている。

それは松本健一の述べたようであったかもしれないのだが、そうではなかったとも云えるのである。弟の森崎東は、兄湊の死についてどう思っていたかというと『遺書』の「まえがき」以下のようなことを書いている。

「親孝行で、軍人嫌いで、年寄のくり言にも涙するような心優しい文学好きの少年が、なぜ、日米開戦の日を境に熱烈なる『民族主義者』に変身をとげたのか？」

森崎東は兄湊の変身をいぶかっているが、松本健一は、突然（昭和十六年十二月八日）日米開戦の日からではなく、それ以前にそういった考えが兆していたと否定している。

肯定しようと否定しようと、森崎湊の変身は事実であったわけで、その動機のところが全く判らないのである。

松本健一は遺書をかきまわし、文字面で、森崎湊の死の謎を解明しようと努力しているのだが、弟森崎東の言葉の方を肯定するという私の衝動はおさえられない。松本健一の湊像は、どうしてもぼやけて見えるのである。それはたぶん、論理的に証明しようとする作為が見えるからだろう。

私は、理性よりも感性を重要視しようというのではない。

森崎湊は、弟東が云うように、「親孝行で、軍人嫌いで、年寄のくり言にも涙するような心優しい文学好きの少年」であったのであり論理でものを云うような人物ではなかった。

そんな多感な少年が、家業（建材店）が傾き、なんとか力になる為に、大牟田商業への進学を決めたのにちがいない。

長兄も大牟田商業へ進学している。おそらくこれも湊の進路に影響しているだろう。

末っ子の東が、商業高校ではなく、普通高校の大牟田南高校へ進学しているのは、家業を手伝う必要がなくなっているからであり、事実、森崎東は京都大学法学部に進学した。

森崎三兄弟の学業は、きわめて優秀なものがあったようである。湊は、満州建国大学に二番で入学している。だがしかし、大牟田商業は文字通り、職業学校であり、進学を目的としたものではない。

大牟田市史には、大牟田市立商業学校について次のような記述がある。

「大正十三年五月大牟田高等小学校内に修業年限三ヶ年、定員三〇人の商工専修学校が付設され、厨幾太郎が校長となった。特に昼間商業部が開設されたのが本校の端緒である。昭和二年三月には乙種の大牟田市商業学校として認可され、修業年限三ケ年、定員五〇人校長厨幾太郎で、新学期から始筆した。同四年三月には甲種商業学校に認可され、修業年五ヶ年、定員一〇〇人、校長は同じで、本市唯一の商業教育機関として貢献した。」

また、森崎湊が在学していた当時の大牟田市立商業は、以下のような状態であった。

森崎湊が在学中の昭和十六年ごろの学校状況はつぎのようになっている。

所在地は昭和町で、火災にあう前の旧校舎であろう。校地坪数五、〇六一坪であるから当時の大牟田の学校敷地としてはかなり広いものであったようだ。生徒数が一学年一〇〇名台であるから、大変立派な設備を持っていたと云ってよいだろう。

当時の生徒数を学年毎にみると次のようになっている。修学年限五ヶ年で、一学年一六二名、二学年一六四名、三学年一〇五名、四学年一〇三名、五学年一〇三名で、全生徒数は六三七名。

教師および職員は二十七名でこれには、配属将校一名を含んでいる。

私が在籍した一九五〇年代末の大牟田商業と比較すると敷地、校舎については比較できないが、これらを除くとほとんど同じ状況であったと考えられる。

まず、生徒数であるが、私たちの時代は、A、B、Cの三クラスで、AとBは男子のクラス、Cは女子クラスで、一クラス三〇名～四〇名であたから、森崎湊の時代とほぼ同じといってよいだろう。ただ、五学年まであったから、生徒数は昭和十六年当時の方が多いわけだが、当然だが配属将校は居なかった。

教師数は、同じくらいだったように思う。

森崎湊が上級学校（大学）に進学するつもりはなかったと述べたが、それは商業学校のカリキュラムを見れば判ることである。

私たちの時代で云えば、まず書道というのがあり、ペン習字の時間もあったように思う。これはたしかではないが、商人としての要件を身に付ける為にさまざまな工夫がなされていた。

英語というのは、いわゆる商業英語という呼び方がされていて、独特の商業英語であり、それは実践的であった。これは大学受験の為の英語とは大いにちがっていたのである。

珠算いわゆるソロバンは毎日一時間設けられており、卒業までに二級だか三級だかをとらないと卒業証書は貰えない。簿記にしても同じであった。商業簿記に、工業簿記は必須であり、毎日この授業が設けられていた。

大牟田商業に入学すると云うことは、進学という希望を捨てたと云うことであった。表現をかえれば、商人の為の技術取得、資格取得を主としていたのである。

森崎東が日記を英文で書いていたというのは特殊な行為ではなく、商業英語のトレーニングであった。

大牟田商業の実状というものをくどくど述べた理由は、この門（商業学校）に入る者は、進学も文学への志望をも捨てなければいけなかったのである。

森崎東が兄湊が文学好きの少年だったのに何故と云ったのは、商業学校を選択したことに対する疑問でもあっただろう。

『生きてるうちが花なのよ、死んだらそれまでよ党宣言』という長ったらしい題名の映画監督は、森崎東である。

この作品を残念ながら観ていないので、どうも具合が悪いのだが、推測ついでに申し上げると、これは森崎東が愛する兄湊へのオマージュであったと考えられる。

与太話をしているわけではなく、ベルリン国際映画祭に「**ニワトリはハダシだ**」を出品したのを機会にインタビューに応えて次のような発言をしている。

「いいや、それが実感でいうと僕自身は変わらなかったし、日本の状況もあるところでは政治的に大きく変わって行ったんでしょうけども、本質的には政治の本質も含めて変わらなかったし、現実に社会を牛耳っていた財閥というのも変わらなかったし、変わっていないという方が僕は遥かに正しいような感覚があったんですよね、僕自身もそうだし。

そこで変わったのはスポッと腹切って死んだ兄貴だけがポンっと居なくなっちゃって、なんだという、何でようという、僕は十七歳ぐらいだったけど、……号泣しましたね。わかんないから、何の意味だかわかんない。類推も出来ないから。それまで軍国主義教育をあんだけ叩き込まれていたのに、ええっ！　考えられもしないというほどビックリしましたもんね。

それは未だに分んないし。戦争によっても敗戦によっても変わんない部分の方が遥かに多かったというのはむしろ声を大きくして言いたいですね。やっぱり男の子は男の子だったし女の子は女の子、ニワトリはハダシだったというのが感覚として大きいですね。」

森崎湊の死について、松本健一は既定されたものだと云い、森崎東は、考えられぬほど驚くべきものだと述べている。

その死が自決であることに混乱が生じているのだ。三島の自決の場合は、一種の自然な死に近い。川端康成の死も同じようなものであっただろう。田中英光の死が湊の死に近いかもしれない。

こうした死に対する考え方の差異はどこに発生するのだろうか？

松本健一は遺書にその理由を探し、森崎東は肉親の眼でながめている。

だが、この両者の視点には、森崎湊の姿はぼやけている。松本健一は、森崎湊ではなく遺書となった日記を主観的に読んでいるにすぎない。そして森崎東は、自身の死に驚いているにすぎないのである。

この二人の視点に欠落しているものがあるように思われるのだが、それが何であるのか判らない。

たぶん、森崎東監督作品の中に、その謎を解く鍵がある筈である。

そうでなければ『生きてるうちが花なのよ、死んだらそれまでよ党宣言』なんという珍奇なタイトルは考えつかえないのだ。

『ニワトリはハダシだ』に至っては、これは、森崎東だとしか云いようがないのである。

森崎東は、兄湊の死によって郷里喪失の悲劇を実感することになったのではないか。

このことについて森崎東は何も語ってはいない。

兄湊は幼少時代の島原の想い出をセンチメンタルな文章で日記に残している。

東は、島原を郷里とは思っていないようで大牟田についての回想をリアルに述べている。

「僕は三池炭鉱という町の生まれなんですけども、あそこで最後に日本の総資本と総労働の対決という、何百日にわたるストライキ（一九五九年三井三池労働争議）であって、その結果炭労（日本炭鉱労組）というのが負けちゃって、ダーっと引いて行くんですよね。日本の労働運動も学生運動もダーっと潮が引くように引いて行ったのを目の当たりにしたんですけども、その時引いて行く潮の中で『えいくそテレビ』って言葉が流行ったんですよね。」

森崎東は、三池闘争について語る時、三池炭鉱の生まれだというのだが、これは事実ではない。

同じインタビューの中で出生地について、

「やっぱり僕も周辺の生まれで、九州の西の果ての長崎県のさらに西の果ての島原という辺鄙なところで生まれて」と云っている。

炭鉱の町で生まれようと、港町で生まれようとどっちだっていいのだが、森崎東の出生地に対する想いはきわめて即物的であり、望郷の念みたいなものは感じられない。

兄湊が島原の風景を語るのとは、ちがうのである。

「夜、浜崎とじゃがいもを焚りて話し合う。幼い頃の思い出などに話の花を咲かす。あああの頃はよかった。観音島、澱粉会社、焼酎会社の原っぱ、幼な友だちの誰彼の顔の何と侘しくもなつかしいことよ。」

『森崎東監督をはげます会』という奇妙なステッカーについて疑問を持ったのは、すでに四半世紀を経ている。

この疑問を解く鍵をいくつか提示したいが、どれも曖昧であって、今、尚疑問であることにかわりがない。

「金時屋」の主は亡くなって、二代目が継いでいる。「三小田燃料店」は、引越して、行方知れずである。

それは、私が勝手に考えていることであって、事実はそうではないのかもしれない。

森崎東は、死んだ兄湊が自殺した原因について気づいている筈である。

兄湊の母校大牟田商業は廃校になり、東の出身校大牟田南高校もすでにない。

松本健一も謎を解明しているだろう。人は思想によって死にはしないのである。

帰るべき故郷がなくなった時に、

「原郷は、かつてひとが生きそして死んでゆく故郷（ふるさと）とはほとんど同意語だった。」

「ひとはその死にさいして、みずからの原郷（パトリ）というものを想い浮かべるのではないだろうか。原郷とは、そのひとを生み、そうしてそのひとがついに帰るべき場所だからである。」

とその著作『昭和に死す』のあとがきに述べている。

松本健一が謎の解明に一歩近づいている時に森崎和江は、みごとな謎解きをやっている。

「植民地で生まれた者が、日本を郷土とする苦悩があるんですよ。戦後しばらくして、福岡県久留米市に住んでいたころ早稲田大に行っていた弟が空然帰ってきて、『僕は古里がない』って言ったのよね。ものすごくよくわかって、一晩中、話をしたんです。弟が東京に戻った後、夜中にふっと彼の言葉を思い出したら、亡くなったと雷報が来た。」（毎日新聞・二〇〇八年九月二十二日）

森崎湊は、骸炭都市から追放された。

追放した者は、その罪ほろぼしに「森崎東監督をはげます会」でもって追悼の意を表したのである。

という推理があたっているかどうか機会があれば森崎東監督に聞いてみたいと思っている。

藝術空間論

声楽家にとっての時間と空間の問題は、きわめて重要な意味がある。

もちろん声楽家にかぎったことではないのだが、芸術家にとっての発表の場は、決定的な意味を持っている。

落語家にとっての寄席、美術家にとってのギャラリー、能・狂言では、いわゆる能楽堂というのがある。

水道橋の能楽堂を銀座へ移すという報道もある。銀座には、絵描きにとってのあこがれの空間、サエグサ画廊がある。

プロ野球では、ドーム状の球場があって、このスポーツは、現在では、野外ではなく、一種のインドアの競技である。

かつて音楽家たちの演技の空間は、野外でおこなわれるのが普通であって、芝居とは、文字どおり野外でおこなわれ、土のにおいがしたものであった。いかにも講談師みたいなことを云うが、出雲の阿国の時代は河原もの・河原乞食と呼ばれていたのである。

そもそも、芸能百般は、戸外での催しであり、田楽とは文字どおり、労働歌であり、現存する民謡のほとんどはアウトドアの娯楽である。

薪能などは、まさにそのことを示唆していると云ってよいのである。

何で、伝統芸能、しかも能・狂言の如き、いわば死に体状況の古典劇を引き合いに出すのかと問われれば、観阿弥の初心が忘れられ時々の初心も理解が難しく、能楽論のほとんどが、謎めいた言葉になってしまったことが、不思議であるからだ。

一説には、学者たちの錯覚と誤解によるのだと云われ、演者たちの批評嫌いがこうした曖昧な態度を許してきたのだと云う。

こうした変容きわまりない舞台芸術や音楽の世界での現象は、まさに、文学・芸術にとっての空間と時間が定まらないことにある。

歌うための詞を書きつづけた宮澤賢治にとっても、ふるさとへの回帰は生涯をかけたものであり、それは言葉をかえて云えば、ホームグラウンドの希求であったように思う。

つめくさ灯ともす　夜のひろば
むかしのラルゴを　うたひかわし
雲をもどよもし　夜風にわすれて
とりいれまちかに　年ようれぬ

まさしきねがひに　いさかふとも
銀河のかなたに　ともにわらひつ
なべてのなやみを　たきぎともしつ
はえある世界を　ともにつくらん

これは長編の童話『ポラーノの広場』にでてくる楽譜に付いている歌である。郷土愛というものはこんなものであって、そこには明確な空間と時間とが介在し、みごとなハーモニーをかもしだすのである。

〝東京へゆくな　ふるさとを創れ〟

という詩人にとってもこれは同じようなものであろう。

ここに、女声合唱団コーロビアンカが三十五周年記念コンサートを開く。諸貫香恵子女史が手塩にかけて、育てあげてきたコーラスグループである。

その演目には、谷川雁の「白いうた　青いうた」の中から「傘もなく」「ライオンとお茶を」そして「いでそよ人を」が第二ステージで演奏される。また第三ステージでは、ジャズミサが、奏される。

三十五年もつづけるのであるから、いくらかメッセージ性が認められるものであろう。

この記念コンサートは、二〇一四年九月二十八日（日）川口リリア音楽ホールで開催される。開演は午後二時である。

我々は、このコンサートに大いなる期待をしているのだが、果して如何なるものが呈示されるか。

野上氏の詩には昇華された透明な、みずみずしい世界がある。

野上彰は私の囲碁の師匠であり、この碁打ちが、詩人であることに気づいたのは、ごく最近のことである。

「落葉松」これに野上彰の名が表記されている。

落葉松《からまつ》

野上　彰

落葉松の　秋の雨に
わたしの手が濡れる

落葉松の　夜の雨に
わたしの心が濡れる

落葉松の　陽のある雨に
わたしの思い出が濡れる

落葉松の　小鳥の雨に
わたしの乾いた眼が濡れる

これが野上彰の作品であり、作曲者の小林秀雄は、一九七二年十二月に独唱曲として完成、一九七六年に女声合唱曲化したものである。小林秀雄は文芸評論家と同姓同名であるが別人である。

作曲者小林秀雄は、野上彰の詩について、「才気換発、多才であった野上氏の詩には昇華された透明な、みずみずしい世界がある。センチメンタルに陥らぬ、起伏の明瞭な演奏を望む」と注記（楽譜に）されている。

こんなことは後になって知ったことであって、作品理解は全く関心の外であった。

そんな具合で、独唱曲としての「落葉松」女声合唱曲としての「落葉松」を機会ある毎に聞き、はかなげな女声合唱曲に魅了されていたのだが、それはわが囲碁の師匠の作品であることが大いに原因していたのであった。

ところが「第九十四回　諸貫香恵子と仲間たちコンサート」が二〇一四年六月二十一日、蓮田駅（JR宇都宮線）の前にあるギャラリーいずみやで開催され、別紙の如く、プログラムの一部の最後に「落葉松」があげられ、それを聞いたことによって、状況が一変してしまったのである。

何が変化したのか、何も変化はしていないのだが、考え方の磁場に波状の現象が生じたのである。

このオマージュがその現象のひとつである。

かつて私は、二〇一一年四月二十九日に開催された「チャリティーコンサート―東日本大震災　蓮田受け入れ被災者を直接支援する為の―」を想い出している。

この時も超満員の蓮田市公民館は熱気にあふれていたのだが、その時、こういう音楽空間を再現されることを熱望したことを記憶している。

特定のコンサートが九十四回続くことに驚くのだが、当面の目標が一〇〇回だと諸貫香恵子は笑いながら云う、その回数もさることながら、すでに、音楽空間というものが根ざしていることに気づかされるのである。

芸術・文化の創造とは、こんな風に誕生するのではないか。

諸貫香恵子の「落葉松」はそんなことを、我々に教えてくれているようだ。三宅政弘（ヴァイオリン）、渡辺亜希（ピアノ）は、そのとおりであると云う音色であったことも付け加えておく。

天国みたいな場所

年月の集積としての時間と空間とはどんなものであるのかを考えさせられる。

かつて森谷均が、生涯をかけて、「本の手帖」八十三巻を刊行するに要した時間は、ほぼ八万七六〇時間であり、彼は無念のうちにその生涯を閉じる。量から質への命がけの飛躍が達成されず、神保町のバルザックという名を冠されたにすぎなかった。

高名な詩人たち、特に超現実主義を奉ずる詩人、作家は、その死とともに忘れさられたが、彼にすれば不本意なことであった。

私は、この「本の手帖」八十三号を目標にして、雑誌を創刊し、前号でやっと超えることができた。

この雑誌の刊行に要した時間は、二十二万七七六〇時間、ほぼ二十六年間であった。

諸貫香恵子と仲間たちコンサートの九十四回に要した時間はどのくらいであったのかは知らぬが、これが想像を絶する営為であっただけはたしかなことであろう。

音楽の空間を求めてさまよいつづけて、ギャラリーいずみやとは、これから先は私の個人的な感慨であるが、一種の運命というか、宿命みたいな気がする。

これは当日同行した茶道の杉田先生の言葉を借用するのだが、〝こんな天国みたいな場所ははじめてです〟卒寿の女性が斯く云うのであるから認めなければいけない。

その天国というのは、空間であり時間であったのだろう。

命懸けの飛躍と云うものがどんなものであるか判らぬが、余命、命数の勘定だけは、まだやりたくない。

これは茶道の杉田先生の弁である。

残念だがギャラリーいずみやは今はない。

〈追記〉

二〇一七年四月二十二日　諸貫香恵子&仲間たちコンサート、第一〇〇回は蓮田市総合文化会館（ハストピアどきどきホール）に於て開催された。

合唱曲「落葉松《からまつ》」の作曲家小林秀雄氏は二〇一七年七月二十五日に誤嚥性肺炎のため死去された。

黄昏の西洋音楽

「左様。ある国――たとえば、スペインなどは、古いのも新らしいのも、すべての音楽が本質的に、そうしてほとんど全くといってもいい位、民謡によって養われています。スペインの作曲家はすべて、民謡をまきちらす以外の何ものもしない。

それから、たとえばドイツでは、全然ちがっていて、ここでは作曲家は、音楽を始めから終りまで、自分自身からひき出して作っているように見える。それからまた別な国、とくにフランスは、この両端の中間にあるように見えるのです。」(一九五三年、白水社『音楽のたのしみ』(一)、ロラン・マニュエル、吉田秀和訳)

二〇十二年一月一九日、水戸芸術館でコンサートがおこなわれた。この演奏会の様子がテレビジョンで放送された。小澤征爾という名前が見えたのでスイッチを入れてみた。

タイトルは「小澤征爾さんと音楽で語った日~チェリスト宮田大・二五歳」という、長ったらしいものであった。

チェリスト宮田大という演奏家（ロストロ・ポーヴィチコンクールで最優秀賞になった）については直接知らないのであるが、一昨年デュオの演奏旅行をしたピアニスト柳谷良輔（ワシントンD・C在住）を知っているので間接的に宮田大というチェリストを知っている。

宮田大は宇都宮に実家があり、桐朋学園まで新幹線通学をやっていたそうで、JRの東北新幹線の車掌は彼の真面目なところをよく知っていて、乗車時間が遅れた場合は、彼の乗車をいくらか待ってくれるというほどであったそうだ。

宮田大のエピソードはどうでもいいのだが、水戸芸術館でのコンサートで小澤は、〝大ちゃんはまじめだからなあー〟と云っていた。

水戸でのコンサートはハイドンのチェロ協奏曲第一番である。初日は大好評であった。二日目は翌二十日である。

この日にハプニングが発生した。小澤征爾の体調悪化により指揮をキャンセルすると、開演間際に発表されたのである。

会場を埋め尽した聴衆に館長である吉田秀和はこう説明した。

「小澤は体調が悪く指揮は出来ないと云っている。チケットは窓口で払い戻します。ただ団員は皆、指揮なしで聞いて頂けるならば演奏したいと云っているが、どうしますか？」

歳《よわい》九八になる吉田秀和館長がこう云うのだから否とは云えまい。

満場拍手になりマエストロなしの演奏会が開始された。

ハプニングも終り良ければである。

さて、この先は、私の勝手な推測であるから、誤解があれば許して頂きたいと思う。

――小沢征爾はブザンソンのコンクールで一位入選する。この様子は「ボクの音楽武者修業」に詳しい。

このコンクール一位入選によって日本の音楽家の資質がどの程度であるかが世界的に確立することになる。

斉藤秀雄の教育の成果と云ってもよいのだが、吉田秀和もこれに一枚加わっていると云うのだから、日本の音楽の名・実ともに国際的なデヴューと云ってよいことなのである。

これはもっと後になって判ることなのだが日本のオーケストラには、まだピンときてなかったようである。

それだから、N響の指揮者となった時に、当時のコンサートマスタである海野良夫（後に義雄と改名）にイジメられることになる。

つまり、日本のオーケストラは、ヨーロッパとくにドイツ、フランスから指揮者を拝借するような状況であった。

小澤はN響からパージされるが、これは小澤の勲賞であると云ってよい。

何故なら、西洋音楽いわゆるクラッシックの交響楽団がどの程度であるかがよく判ったのである。私などは、小澤に感謝している。これほど日本のオーケストラの為に努力した指揮者は今までに居ないのである。

おそらく、この先、日本にとって小澤にかわるような指揮者は現れないだろう。

このことを立証してくれたのは、二〇十二年一月二十日の水戸芸術館のコンサートの体調悪化によるキャンセルであったと思う。

この時、何が立証されたかと云うと、指揮台に長くは立てないくらいに体力がおとろえてしまっていること。風貌が父親開作にそっくりになってきたこと。こんなことは立証でもなんでもないのだが、何故小澤は水戸室内交響楽の指揮を引きうけたのか？　おそらく、父親ゆずりの気概だったであろう。

小澤のネームバリューがなければこの興行が成り立たないことは、素人の私にだって判ることである。師匠格の吉田秀和の要請を受けることに、否も応もないだろう。歳九八の師匠の顔を立てなければならないのである。

これはサイトウキネンオーケストラにしても同じである。観客にソバをふるまう発想に、驚く事務局長の笑顔を思い出す。

元祖と本家

終列車で郷里へ着くのは、毎度のことであった。普通列車に乗るので、どうしても、夜遅くになってしまう。

駅頭に立って、晩飯を食うところを探すのだが、真っ暗な駅前通りには、店を開けているところはないのである。

森尾食堂のチャンポンにありついて、涙流しながら食べた。

そのことを家人に話したら、空腹だから涙が出たんじゃないかと一笑に付されてしまった。

あの食堂のチャンポンは、涙流して食べる程のものじゃなく、空腹であったにしてもそれはまずありえないと云うのだ。

そう云われてみれば、そうだったのかもしれない。もう森尾食堂はなくなって、万頭屋になっている。

駅前、田舎の駅前でも、万頭屋が開店するのは、よほどのことにちがいない。

この万頭屋は、この地方の名物で、地元ではけっこう名の知られたお土産ものである。

この万頭屋には、元祖と本家があって、競争している。

大阪、日本橋のタコヤキ屋みたいなものである。

どっちが旨いかといえば、やはり元祖の方が旨いことになっている。

しかし、店舗は本家の方がはるかに立派である。

このごろいろいろ考えてみたのだが、やはり元祖の方が旨いにちがいないのだが、味の記憶としてみると、本家の味の記憶の方が強くなってきているのに気がついた。

それは、味覚が変化するのだから、年齢のせいじゃないかと老いてきたことを指摘されてしまった。

味覚が変わることはあるだろう。好みが変化するのは、ごく普通のことだろう。

映画だって、変化するにちがいない。書物などは、全くちがってくることの方が多い。

味の評論家と云う人は居る。文芸評論家という人もいる。もっともこのごろは評論ではなく、紹介者である。

映画評論家と云う人々が沢山いた時代はあった。

私の先輩は、映画鑑賞のサークルを作ってさかんに映画の紹介をやっていた。自分のことを映画評論家とは云ってない。ただ、将来は淀川長治などの映画評論家になりたいのだとは云っていた。

しかし、淀川長治は映画の評論家ではなかった。映画の解説者であった。本人もそのことは自覚していたようである。

「太陽がいっぱい」のモーリス・ロネとアラン・ドロンは同性愛にちがいないと云ったときに、この人は映画の評論は無理と胆に銘じたにちがいない。

佐藤惣之助は、小説家になりたかつたようだが、これは無理であった。

谷川雁は小説家になりたいとは思っていなかったようで、作品は残されていない。

では詩人としての自覚はあったのだろうかと云うらんぼうな問いかけをしてみたが、これもたしかな答えは得られなかった。

ただ本人は、そのことについては、はっきりと述べている。

「初めは新美さんも、僕が若気の過ちで書いた現代詩や、過激なる社会論評などやを知っていまして、こんなやつにうたう詞を書かせたらどうなるかという疑いがあった。（笑）それで僕もむらむらと敵愾心がわいてきて、つい、持ち前の大言壮語癖で、まあ、まかせてごらんなさいと言ったわけです。」

対談「ことばがうたうとき」――一九九三年
谷川雁は、「瞬間の王は死んだ」という言葉を残して詩から決別するのだが、彼は場あたりに詩を書いていたことに反省したのだろうと思われる。

私には、そのように見える。

結論から先に云えば、味覚は状況によっても年齢にも影響を及ぼし、見方によって変化すると云うことである。

黒が白になることはごく普通に発生するのです。

この黒から白に変貌する状況の分析をどのような手法でやるかについて、さまざまな努力をつづけたが、あまりうまい方法は発見できなかった。

「音楽の現場」という本があって芥川也寸志がこんなことを書いているのにぶつかった。犬も歩けば棒にあたるのである。

「人を酔わす見事な現場は、いかにして作られるか、その秘密を解きあかすことは至難な技です。今まで多くの優れた頭脳が、それに挑戦してきました。私は私なりのまったくありふれた形式を借りて、演奏家や楽器製作者を、やや計画的に訪ね歩き、その会話のなかから、秘密を解くごく小さなきっかけでも見つけられることを希いながら、ここにささやかなる挑戦を試みたに過ぎません。」

サブタイトルに「わが犯罪的音楽論」と称したのは音楽論が犯罪的なものと云うのではなく、犯罪現場で犯行を推理する為の証拠固めの手法を拝借したのだそうだ。

私は、芥川也寸志のように方法論を考えていたわけではなく、おまけに場あたりにやってたものだから、混乱してしまった。

通常、我々が集めることのできる状況証拠はほぼ次のようなものである。

「岩波講座・哲学」の芸術の巻

現代音楽と大衆社会　――北沢方邦

ことばの芸術　――木下順二

「岩波講座・現代」の現代の芸術の巻科学・技術時代と音楽――吉田秀和

ここまできて、筑波先生が、「三木清の評伝みたいなものはどうしてこう少ないのでしょうね。あれはやはり獄死したことにいくらか関係するんでしょうか。それにしてもカイセンで死んでしまうなんて、考えられませんよ。」という言葉を思い出した。どうして思いだしたかと云うと、岩波書店の岩波講座、岩波文庫などの出版企画のほとんどは三木清のアイデアであり、それらは現在も生き残っている。

次に「芸術新潮」には大変お世話になった。

岩波書店と新潮社じゃ、ちょいと出来すぎではあるが、「現代音楽についての考察」、吉田秀和、同じく吉田秀和の「現代音楽についての十章」、尾崎喜八の「音楽と求道」。

一九七〇年の一月からは「ベートーヴェンに関する十二章」を始めている。一九六〇年代は「現代の演奏」というのを吉田秀和は書いているところをみると、芸術の中で音楽のジャンルは吉田秀和が専ら担当することになっていたらしい。

「ソロモンの歌」と云うのを筑摩書房の「群像」に書いている。音楽評論では、遠山一行とならぶ高名な書き手である。

これらの音楽評論家たちは、音楽評論と云うものがこの世界で市民権を持つことを望んでいて、その為の努力を大いにやっている。この人々の目標になっているのは、どうも、小林秀雄のようである。

どうも、小林秀雄のようであるなどと書くと、訳知り顔に、なんというおろか者かと失笑を買ってしまいそうだが、まさか小林秀雄教祖さまとも書けないのである。小林秀雄には、「モーツァルト」があって、この音楽評論は彼等のバイブル的な作品であるようだ。

「芸術新潮」は一九八五年の一月号で特集を組んでいる。その特集は、「われら昭和世代の美感」と云うのである。

その中に、粟津則雄は「昭和の音楽を生んだ武満徹」を書いている。そこで「弦楽のためのレクイエム」について述べている。

このことについては後で書くのでとりあえず紹介だけしておくことにする。

四方田犬彦が小津安二郎について述べている。

「時間を異常体験させる小津安二郎」がそれである。

証拠あつめは、多岐にわたるので、小津安二郎についての自白を開始しようと思う。

私が自白するのではなく、音楽評論家たち即ち、小林秀雄、遠山一行、吉田秀和と云った高名な方々の自白である。

ヴァイオリン考

〝さしずめ、オメエはインテリだな〟

寅さんがスクリーンで見栄を切っている。いわゆる知識人の権威は地に墜ちており、学園では、大学教授たちが教え子に小突きまわされていた。

法学部の大森教授は、涙ながらに、学生たちにバトウされることが死ぬよりもつらいともらした。

一方安田講堂では、列品館を破壊されたことに怒った丸山真男教授は、ナチズムだってこんな無暴なことはやらなかったと学生たちを批難していた。

学問とか知識とか象牙の塔にこもっていた教師たちは、保身の為の技術を持っていなかった。

つまり学問の権威が失ついし、自負心をこれほどまでにつぶされたことはなかったのである。

ただ、不思議な事に、教育者としての無力を実感した筈の教師たちは、学園を去るということはしなかった。私の記憶するところでは、筑波先生の「野良犬の思想を排す」という学生への決別状くらいだったのではなかっただろうか。

その頃の私といえば、表《おもて》教授の面接を受けており、能、狂言に関しては、もう何もやることはありませんよと、やんわり駄目を押されていた。

とどめの一言は、

〝地下《ぢげ》というのは、どういう意味ですか？〟という質問であった。

この一言で私は学問への道を閉ざされてしまった。

大江健三郎が担当教授である渡辺一夫に、あなたは学問の世界には向かないのでやめた方がいいとはっきり言われたのとは、大違いであった。

その渡辺一夫教授は、

〝ほんとうの教育者はと問われて〟こんな応えをしている。

「教育とは、理解と思いこみとは同じ顔をしているから用心せねばならないし、自分との飽くことのない格闘によってのみ、思いこみから少しずつ脱出して、少しずつ理解に近づけるかもしれぬということを、『教えられ育てられたい』と思っている人々に伝えることだとすれば、『真の教育者』とは、博士号や教授の称号を持とうと持つまいと、それにかかわりなく、長い間何事かに打ちこんで苦心している人々のなかに見出される可能性があります。そして、そういう人々が段々人目に立たなくなってゆくのは、思いこみを理解と混同し、自分と格闘するよりも他人と格闘することを第一義とする人々が多くなった結果と言えるかもしれません。」

これらがいわゆるインテリたちの言動であった。

思いこみを理解と混同するようなことは、ごく普通のことであり、そのことをあらためて指摘するような機会は訪れなかった。

音楽の世界では、ごく平穏に物事が進行しているように見えた。

音楽の世界では、高名な演奏家がニセの鑑定書をつくり、リベートを受け取ったという事件が発生した。これは『間奏曲』――音楽家ユニオンの四季――を読んでいたら一九八二年の記事に「裁かれているのは音楽家」と小見出しにでていた。

私は、このガダニーニというヴァイオリンをはじめて知ったし、これが相当の名器であることも判った。

ストラディバリゥスだろうが、ガダニーニだろうが、およそ我々には無縁のことであって、西洋音楽そのものが遠い世界の出来事であった。

この騒動の中でひとつだけ奇妙に見えたのは、音楽家は芸術家であって、いわゆるビジネスとは異なる環境の生活を営んでいるのだと錯覚しているように思えた。

リベートとして受け取ったものは、ヴァイオリンの弓であり、当時の価格では一〇〇万というのであった。

この高名なヴァイオリニストは、ヴァイオリンの音色は右手、つまり弓によって決まるのだという理論を持っていた。その理論の大要は寺田寅彦が昭和七年三月、中央公論に書いた「『手首』の問題」とほぼ同じ考え方であった。

寺田寅彦はその中でこう述べている。

「玄人の談によると、強いフォルニを出すのでも必ずしも弓の圧力や速箆だけではうまく出るものではないそうである。たとえばイザイの持っていたヴァイオリンはブリジが低くて弦が指板にすれすれになっていた。他人が心し強くひこうとすると弦が指板にぶつかって困ったが、イザイはこれでやオやすと驚くべき強大なよい音を出したそうである。」

イザイほどの天才的なヴァイオリニストだとこんな魔術みたいな音が出せるが、ヴァイオリン本体の良し悪しは右手つまり弓(ヴォーイング)の技術によるのだ。技術的な問題は寺田寅彦が指摘するとおり分析は不可能であって個人差によるとしか云えない。で結果的には「『心の手首』が自由に柔らかく弾性的であることが必要なのではないか。」と云う。

おそらく、演奏家の力量とは、その精神の高貴さによるのだと理解してよいだろう。

高名な音楽芸術の担手が、低い志ではやはり低い音しか出せないのではないか。精神論で演奏家の技術の評価をするのは、的外れに聞えるけれども、西洋音楽にどっぷりとつかったままで演歌を聞けば、あれは品がないと必ず云う。云わないまでも否定的な態度を崩さない。

こうした傾向は、西洋音楽の属性としての楽器にも及んでいるわけで、ヴァイオリンを習うのと三味線のオケイコをする場合に必ず生じる。

ストラディヴァリウスやガダニーニなどとコットウ芸術品に拝跪する借用の考え方は、音楽そのものの大衆性を拒否していることにつながるように思われる。

かつて私は、ヴァイオリンの音色に魅せられたことがあり、大いに努力して鈴木のヴァイオリンを手に入れたことがある。それは、ヴァイオリンという楽器に魅せられたのではなくあのヴェルレーヌのヴィオロンの音色に魅せられたのと同じものであった。

こうした当時にしては、奇妙な行動は周囲にさまざまな波紋を起こしたがそのひとつにこういうことがあった。

二〇年後に、隣の木下君に偶然再会した際に、あの時のヴァイオリン狂いのあなたの行動が自分の方向を決めてしまったと云うのであった。

それで木下君は、ヴァイオリンではなくギターを選んでその為の学校に進む。ギターリストの道は不本意な結果となったがピアノの調律師となった。彼の音感はすぐれたものであった。

地方の小さな都市では、ピアノの調律師ではとても生計を営むことは困難であった。仕事のあい間に、ヤマハのピアノ教室に出入するうちに、ピアノのセールスマンの方が稼ぎが大きくなり、これに力を注ぐことになった。

一九八〇年代はこんな地方都市でも、持ち家がブームとなり、ピアノ教室の生徒たちは家と一緒にピアノを買うことになった。おそらく、子供をピアニストにしようなどという無暴な考えがあったのではなく、ヴェブレンが「有閑階級の理論」で指摘している街示的消費の一環であっただろう。つまり、中流のステイタスシンボルとしてピアノは最も合致する商品であった。まだ自動車は高価すぎて手が出なかったのである。

偶然に再会した木下君は、その年のヤマハピアノの販売成績が優れていて、全国一の売り上げをなし、社長から表彰されての帰りであったそうだ。顔が赤いのもその為であった。

ピアノはカザリにすぎなかったので、そのうちにホコリをかぶったまま死蔵されることになり、子供たちは、ピアノ教室から姿を消してしまう。

こうしたピアノの運命ほどではないにしても、ヴァイオリンだって同じような運命を辿ることになったであろう。

ヴァイオリンについてはマルク・パンシェルルがこう述べている。

「おそらく幾人かの別格のヴァイオリニストはどんなに広い演奏会場でも満員にさせつづけるだろうし、それほど有名でない連中もその成功のほどはさまざまであろうが、毎日公衆の前にあらわれるだろう。しかしほとんどいたるところで、音楽の地方分権化が非常に活溌におこなわれているドイツにおいてすらも、各音楽学校のヴァイオリン教室の生徒集めはむずかしくなって来るし、このような後退はアマチュアのあいだでは一層いちじるしいのである。」

日本におけるヴァイオリンおよびヴァイオリニストの現状とはだいぶちがうようである。

世界のヴァイオリンコンクールでは、毎年、どこかで入賞者が続出している日本は、アーチストとアルチザンの錯覚があるように思われるのである。

この点については、ピアノとピアニストにおいても同様の状況が分析されている。

『音楽界の迷信』の中で兼常清佐は「音楽の世界は暗黒世界である。いろいろな迷信が縦横にのさばり歩いている。」と八ツ当りをしているのだが、例えば、パデレウスキーやコルトーのような大家の弾くピアノのタッチこの技巧を楽しむ事が高級な音楽の鑑賞であるなどと云う評論家の言葉が迷信であって、猫が弾いても同一のピアノであれば同じ音が出るというのである。

即ち、わが国に於ける西洋音楽の世界は、芸術家と職人芸とが混同されているところに、迷信が発生していると云うのである。

こういう指摘は決して無駄ではないのであって、大いに反省すべき点は反省することが必要である。音楽室の西洋音楽の大家たちの顔写真をならべてみてもどうにもならないのである。

絵画でも文学でもこれは同じことである。西洋音楽が黄昏どきと云うのは、こういうことであって、転換期には、やはり最も悪い部分が現れるものなのである。

ストコフスキーだ！

北の丸公園に武道館が出来たのは、一九六四年のオリンピックの年である。出来て間がないこの武道館で銀髪のストコフスキーを見た。

我々は、〝ストコフスキーだ！〟と叫んだ。指揮しているストコフスキーは、後光がさしているようだった。ただ、護れの曲を、指揮したのか、オーケストラは判らない。調べれば判るだろう。要するに音楽は、聞いていないのである。

その頃は、相部屋の男が、中村紘子の大ファンで、朝からチャイコフスキーのピアノコンチェルトNo1を毎日聞いてすごしていた。

中村紘子が好きなだけで、チャイコフスキーはどうでもよかった。我々の世代では、中村紘子は映画女優とほぼ同じくらいの人気があった。

ヴァイオリンという楽器を身近なものにしてくれたのは、江藤俊哉と海野義雄であった。

江藤俊哉のヴァイオリン教室と鈴木鎮一のメソードは幼児教育において大きな影響力を発揮した。のちに世界のヴァイオリンコンクールで大きな賞をとるのは、彼等の指導を何等かの形で受けていた。

西洋楽器の技術的な指導は世界のあらゆるコンクールを総ナメにすることによって、そのテクニックの高度成長がなされ、日本経済の急成長と歩を同じくしていたと云ってよい。

しかしその反動はすぐに出てきた。西洋音楽の歴史と伝統を、技術面だけで乗り越えるのは若干無理があるのではないかと、冷ややかな目でみられたのである。

つまり、偽の教養では、真の教養への道は閉ざされているのだよと彼等西洋の音楽ファンはささやいていた。

我々にとって西洋音楽の世界が何がおこっているか、皆目判っていなかった。西洋音楽つまりクラッシック音楽は、一部の特権的な有閑階級のものであって、我々には無縁なものであった。

我々は、レコード会社にせっせとつぎこんで、ドヴォルザークの新世界やブラームスのヴァイオリン協奏曲を沈うつな面もちで、聞くのが精一杯であった。

また、フランス映画「斯くも永き不在」の中で、コラ・ボォケールが歌う「三つの小さな音符」(注)を聞いて涙を流していた。

映画音楽は、我々を支配していて、クラッシック音楽は、非日常の一種のセレモニーみたいなものであった。

だから、小澤征爾がN響のコンサートマスターであった海野義雄に「あいつは耳が悪い」と云われ、ボイコットされたことがどういうことなのかよく理解できなかった。

音楽家が耳が悪いなどと云われれば、ショックで首でもくくりたくなるような暴言であろう。

こんな暴言を吐くことは、文学の世界では日常茶飯であるが、首をくくりたくなったりはしない。

ある芥川賞を受けた小説家に対して、「こんな代物が歴史ある文学賞を受けてしまうという
ところにも、今日の日本文学の衰弱がうかがえるとしかいいようがない」と云う批評がなされ、
その後の小説家の活躍は衆知のとおり目覚しいものがある。

小澤征爾のその後の活躍も目覚しいものがあり、今や世界の小澤である。

批判をした大家には大いに感謝してよい。

これらの言動は、批評というものがみごとに崩壊してしまっていることを証明しているように見えた。

ここまで述べている時に、吉田秀和の死が報道された。二〇一二年五月二十二日午後九時、急性心不全のため神奈川県鎌倉市の自宅で亡くなった。

水戸芸術館のコンサートの会場で、指揮者小澤征爾が体調不良の為にキャンセルすると云うが、楽団員たちは演奏したいと云っている、皆さんどうしますか？　と説得にならない説得をしていた九八歳の吉田秀和の顔が思い出される。

西洋音楽のひとつの時代が終ったと思う。もちろん、音楽批評というものがどうなければならないかも問われることになるだろう。

毎日新聞五月二十八日（月）朝刊によると
「東京都生まれ、東京帝国大学文学部仏文科卒業、戦後すぐの一九四六年、『モーツァルト』などの評論でデビュー、美術や文学の評論も行った。四八年桐朋学園大音楽学部の前身となる

『子供のための音楽教室』を指揮者斎藤秀雄さんらとともに創設、小澤征爾さんらを育てた。二〇〇六年文化勲章を受章。」

吉本隆明が死去した際にある新聞は、完全に戦後の終りだと書いた。それは決して大げさなことでもなく、時代錯誤的な表現でもなかった。何故なら、彼は、戦後の思想的な変容過程を独りで、誰れの手も借りずに辿っていった。

吉田秀和の死は、吉本隆明とはだいぶちがっていて、西洋音楽の黄昏を我々に示唆してくれたように思う。

この先、日本の西洋音楽というものは、握みどころのない曖昧なものとして継承されていくだろう。それは日本の古典芸能、伝統芸能とほぼ同じ道を辿るしかないのであろうか？

折口信夫が「**なるべく文献を多くよみ、実地を見て考へなければならぬ。そこに個性も出れば、又過去も浮き彫りにされて来る。**」（『日本芸能史ノート』、中央公論社）

神楽の分析・研究の中でこう云っているのだが、これは邦楽の未来だけの話ではないように思う。

〈追記〉

「斯くも永き不在」で涙を流してコラヴォケルを聞いたが、我々にはそこにモーツァルトやベルディー、プッチーニ、ロッシーニたちの愛児たちの死骸を見て泣いたのでもあったのである。

筑波常治の略歴と著作目録

筑波常治（つくばひさはる） 1930年９月９日～2012年４月13日
専門は日本農業技術史、自然科学史。科学評論家としても活躍する。

侯爵筑波藤麿の長男として、東京都渋谷区代々木で生まれる。

1956年東北大学大学院農学研究科修士課程を修了。同年、法政大学助手（担当は生物学と科学史）。同専任講師から助教授を経て1968年に依頼退職。同年、青山学院大学女子短期大学助教授（担当は自然科学概論と科学文化史）。

1970年、同校を依頼退職し、1981年までフリーランスの科学評論家として著述業に活躍する。1982年、早稲田大学政治経済学部助教。1987年、同教授。2001年に退職。

衣服、眼鏡の縁、万年筆のインク、印鑑の朱肉などのことごとく緑色で揃えているため、「緑衣の人」といわれていた。自宅の住所も「緑町」であった。

主要著書
『日本農業技術史』（地人書館）、『破約の時代』（講談社）、『日本人の思想—農本主義の時代』（三一新書）、『科学事始—江戸時代の新知識』（筑摩書房）、『米食・肉食の文明』（ＮＨＫブックス）、『五穀豊饒—農業史こぼれ話』（北隆館）、『日本の農業につくしたひとびと』（さ・え・ら書房）、『日本をめぐる現代の幻想』（ＰＨＰ研究所）、『自然と文明の対決』（日本経済新聞社）、『農業博物史』全４巻（玉川大学出版部）、『生命の科学史—その文化的側面』（旺文社）、『人類の知的遺産—ダーウィン』（講談社）、『生命科学史』（放送大学）、『日本の農書—農業はなぜ近世に発展したか』（中公新書）、『生物学史—自然と生き物の文化』（放送大学）、ほか。
この他、国土社より、『筑波常治伝記物語全集』として、22冊の伝記物語を刊行。

エピローグ　食わんがために生きる——飢餓の恐れ

あらゆる民謡は飢餓に対する恐怖である。「五木の子守唄」の根底には飢えがあって、生きるには食べなければならないのは自明のことだった。つまり、かつてこのことは自明のことだったのだ。

食物の量的側面と日常生活の離反が、都市と農村に於ける食の考え方に変化が起こる。高村光太郎の詩は都市型の詩であり、宮沢賢治の詩は農村に於ける食の位置である。このことは、「五木の子守唄」と「たんす・ながもち唄」の差異でもある。

貧困な農村には、多くの民謡が生まれ、飢餓への恐怖がこめられる。そして現在、都市には、食わんがために生きる人びとが充満する。だから、「ヒドリ」が「ヒデリ」に、「おらんと」が「おらんど」に書き換えられようと、なんら関係のない、目先の利害に合致すればよいことなのである。

つまり、美食家の発生は資本の論理にかなった自明の理にかなうのであり、民謡の流行は、飢餓からの逃走を意味している。「民謡は砂漠のバラである」というのはこのことである。ただ、若者たちは、飢餓の恐怖を知らぬのであって、かれらは別の意味で飢餓体験を望んでいるように見える。

生きるために食わなければならないのは、若干むずかしい文言になっているのだろう。それよりも、食わんがために生きるということの方が、よく判る文言に見える。

もちろん、表現の自由がおびやかされる前に、人びとはすでに自己規制をしている。ここには、本物を探すのに小さな努力が必要となっている。

食は何処へいくのだろうか？

＊

この『筑波常治と食物哲学』が誕生するには、京都・山科修勧寺の筑波常秀氏の尽力によるものであります。

今にして思うのだが、筑波常治先生が如何に京都・山科勧修寺に里帰りしたかったかが、判るようになった。あまりにも先生のことを知らな過ぎました。時を追いかけていると先生が遠くへおいでになるように思われます。

なお、本書の産婆役は、稲垣喜代志氏（風媒社の創業者）と社会評論社の松田健二氏です。改めお礼を申し上げます。

田中英男

二〇一七年九月九日

田中英男（たなか　ひでお）
1943年福岡県大牟田市に生まれる。
法政大学文学部在学中から筑波常治に師事する。
著書に『損害保険業界』（教育社、1980）、『日産・日立グループ』（時事問題新書、1981）、『骸炭の街で―田中英男　詩と詩論集』（販売網研究会、1998）、『回想の東京学生会館　1946～1966』（編著、販売網研究会、2006）、『都市の肖像画集　1953～2007』（日本保険流通学会、2008）などがある。

筑波《つくば》常治《ひさはる》と食物《しょくもつ》哲学《てつがく》

2017年10月15日　初版第1刷発行

著　者：田中英男
装　幀：中野多恵子
発行人：松田健二
発行所：株式会社 社会評論社
東京都文京区本郷2-3-10　☎03(3814)3861　FAX 03(3818)2808
http://www.shahyo.com/
組　版：スマイル企画
印刷・製本：倉敷印刷

Printed in japan